U0184735

AI 赋能的微生物组大数据挖掘：方法与应用

宁 康 编著

上海科学技术出版社

图书在版编目（CIP）数据

AI赋能的微生物组大数据挖掘 : 方法与应用 / 宁康编著. -- 上海 : 上海科学技术出版社, 2023.7
ISBN 978-7-5478-6237-7

Ⅰ. ①A… Ⅱ. ①宁… Ⅲ. ①智能技术－应用－微生物学－数据处理 Ⅳ. ①Q93-39

中国国家版本馆CIP数据核字(2023)第114513号

AI 赋能的微生物组大数据挖掘：方法与应用
宁　康　编著

上海世纪出版(集团)有限公司
上 海 科 学 技 术 出 版 社　出版、发行
(上海市闵行区号景路 159 弄 A 座 9F－10F)
邮政编码 201101　www.sstp.cn
苏州工业园区美柯乐制版印务有限责任公司印刷
开本 787×1092　1/16　印张 11
字数 186 千字
2023 年 7 月第 1 版　2023 年 7 月第 1 次印刷
ISBN 978－7－5478－6237－7/Q・80
定价：88.00 元

序　一

获悉华中科技大学宁康教授即将出版《AI 赋能的微生物组大数据挖掘：方法与应用》一书，在欣喜之余更觉得在情理之中。我与宁康相识多年，知道他是计算机科班出身，也知道他一直在微生物组学这个 10 多年前看起来很小的领域中钻研多年。如今，微生物组学领域已经发展成了当今生物学的前沿领域之一，相关技术也被国内外顶级专家和机构认定为“颠覆性技术”，可见当年宁康选择研究该领域的前瞻性。随着人工智能(AI)技术的蓬勃发展，相信应用 AI 技术进一步挖掘微生物组中的重要资源和规律是微生物组学领域未来发展的重要方向，希望宁康又一次看准了方向，并能引领这个方向。

我已经先行阅读了本书，尽管篇幅不大，但是内容颇为丰富，涉及面也很广泛。作者通过理论联系实际的方式深入全面地介绍了微生物组学，特别是微生物组学大数据和数据挖掘方面的知识与研究进展。从微生物组数据的介绍开始，到微生物组数据的分析，尤其是人工智能的分析方法，进而通过众多的实例阐述微生物组数据挖掘的广泛应用场景，最后展望未来的发展方向和应用前景。

该书是作者基于多年工作积累撰写而成的。从内容上看，本书重点介绍了微生物组学大数据挖掘方法和微生物组数据的应用，为微生物组研究相关的广大师生和科研人员以及对微生物组感兴趣的大众读者起到了很好的知识普及、理论提升、技术支持和扩展视野的作用。从形式上看，本书语言严谨流畅，布局合理，深入浅出。图片丰富形象，并且配有全面的参考文献，体现了其严谨性。在以“四个面向”为主基调的科学技术全面发展的今天，这样一本书会让广泛的读者群体从中获益。

缪炜

缪　炜

中国科学院水生生物研究所研究员

2023 年 5 月于武汉东湖畔

序　二

微生物组研究符合国家战略需求，是近年来生命科学中的重要研究领域，对探索生命科学奥秘、推进生命健康研究，从而推动社会的可持续发展具有重要意义。作者将自身的科研成果、国内外最新研究进展与基础理论相结合，完成此书。作者系统梳理了微生物组数据相关的基础知识和理论，简明清晰地完成了微生物组数据挖掘，尤其是人工智能方法在微生物组数据中的应用等相关内容的阐释。本书拥有丰富的案例解析，使得初学者能在不知不觉中以最短时间进入一个新的领域。书中还对微生物组学大数据挖掘的发展趋势和应用潜力做了较为系统的总结，为科研工作者提供了一幅微生物组与 AI 交叉领域的前景图。书稿内容丰富新颖，很多内容和见解在国内外相关图书中是没有的，填补了相关内容出版物的空白。本书可作微生物组研究相关的学者、科研工作者和产业界人员的参考书，对于提升相关领域的基础理论、核心技术和产业化应用都具有重要价值。

蒋兴鹏

华中师范大学计算机学院院长、教授

2023 年 6 月于武汉桂子山麓

前　　言

微生物是普遍存在于自然界中且具有重要意义的生命体，以微生物群落的形式存在。一个微生物群落包含几十到数千种微生物，这些微生物相互协作以适应环境的变化；同时，它们的生命活动也会对环境产生巨大影响。微生物组研究以这些微生物为基础，研究对象包括微生物群落中所有的遗传物质、相关环境参数和代谢产物，以及它们之间的复杂关系和动态变化特征等，研究过程具有极高的复杂性。

近年来，随着人们对微生物越来越深入的了解，有关微生物群落的基础研究及其在健康、环境等领域的应用研究的重要性愈发凸显，各国也越来越重视微生物组研究的发展。2016年，美国启动了“国家微生物组计划（National Microbiome Initiative，NMI）”，此项研究计划投资1亿多美元。我国也在酝酿启动微生物组研究计划，并于2016年在《“十三五”国家战略性新兴产业发展规划》中重点强调“肠道微生物宏基因组学等关键技术创新与精准营养食品创制”，科技部在2017年将微生物组研究列为“重大颠覆性技术”之一。

微生物组的生物信息学分析主要依赖于微生物组学相关的海量测序数据和数据挖掘方法。随着高通量测序技术和下一代信息技术的日臻完善，微生物组研究日新月异，已经涵盖从群落结构到群落功能、从基因挖掘到规律发掘、从免疫到营养、从人体健康到环境监控等各类基础和应用研究方向。因此，微生物组学已经从传统意义上的生物学分支学科，转变为生物学、生物技术、大数据、人工智能等多学科交叉的综合类学科。

在微生物组数据整合与深入分析时，大数据技术和机器学习技术非常适用。首先，微生物组数据具备大数据的4V特点：① 数据量大（volume）；② 类型繁多（variety）；③ 速度快、时效高（velocity）；④ 价值密度低（value）。其次，微生物组学大数据需要深入挖掘。从庞大的数据中提取未知、隐含且具备潜在价值的信息是一个艰难的过程，但微生物组学大数据的挖掘最终将直接服务于临床诊断、预测和潜在治疗方案的提出，具有明显的临床转化价值和意义。

然而，目前国内微生物组学大数据挖掘方面的相关书籍十分欠缺，特别是有关利用人工智能技术挖掘微生物组学大数据的图书基本属于空白。这种现状与国内微生物组研究如火如荼的趋势形成了鲜明对比，甚至影响了国内微生物组研究，尤其是在数据分析和挖掘方面的进展。行业内亟须一本介绍微生物组学大数据挖掘的学术专著，服务于微生物组研究相关的广大师生和科研人员，以及对微生物组感兴趣的大众读者。

本书包括微生物组数据整理和整合、微生物组数据挖掘方法、微生物组数据挖掘案例等多个部分。笔者团队组织多方力量，较为全面地介绍了21世纪前20年微生物组研究中有关数据分析挖掘和转化应用方面的知识与进展。其中，第1章主要由宁康和杨朋硕组织整理，第2章主要由查毓国组织整理，第3章主要由计磊组织整理，第4章主要由李玉雪组织整理。最后，宁康在第5章就微生物组学大数据挖掘的发展趋势和应用潜力进行了展望和总结。本书附录提供了微生物基因组基础知识、基因功能注释、微生物组研究重大里程碑事件等内容，有助于读者获取当前微生物组大数据挖掘相关的全方位信息。

本书理论联系实际，较为全面和深入地介绍了微生物组学，特别是微生物组学大数据和数据挖掘方面的知识与研究进展。希望通过阅读本书，读者能够较为全面地掌握微生物组学相关大数据挖掘分析的方法，并能够通过实例指导自己的项目设计与分析。

需要强调的是，当今微生物组学研究成果层出不穷，建议读者主动阅读相关文献，这样既可以加深对微生物组学的理解，更好地学习相关新技术和新发现；又有助于不断提高业务水平，提升自己的微生物组研究洞察力和研究效率。

最后，祝大家在微生物组学习和研究的过程中，享受学习知识和探究科学的乐趣，同时取得更好的成果！让我们一起推动微生物组研究领域不断进步！

目录

Contents

第 1 章 微生物组

人体内的基因组，一个是遗传了父母的人基因组，编码大约 2.5 万个基因；另一个是出生之后进入人体的微生物基因组[1]。微生物是普遍存在于自然界中的生命体，常以微生物群落(microbial community)形式存在。人体肠道内有 1 000 多种共生微生物，它们编码的基因有 100 万个以上。微生物组(microbiome)是这些微生物遗传信息的总和。人体健康的维持需要这 2 个基因组相互协调、和谐一致。因此，共生微生物及其所拥有的基因是研究人体健康重大问题中不可忽略的一部分[2]。需要指出的是，微生物群落还存在于其他宿主和更为广阔的环境中，是全球生态系统中不可忽视的一部分。

21 世纪以来，生命科学飞速发展，人类更加迫切地想要探索生命奥秘和寻求可持续发展，生命科学、物理、化学、计算机科学等基础学科的交叉融合对于一些研究发挥着重要作用[3]。在科学研究蓬勃发展的背景下，微生物组学概念的提出将推动人体健康、生态环境、工农业生产等领域发展理念的革新，产生新一代或者颠覆性的技术革命，推动人类社会的进步[3]。

1.1 基本概念

微生物群、宏基因组和微生物组是微生物组学研究中 3 个非常重要的概念，其主要区别在于研究对象范围的大小不同：微生物组的研究对象包含宏基因组和微生物群，而宏基因组的研究对象包含微生物群。因此，微生物组的研究范围最广，包含微生物研究中的各种信息(图 1.1)。

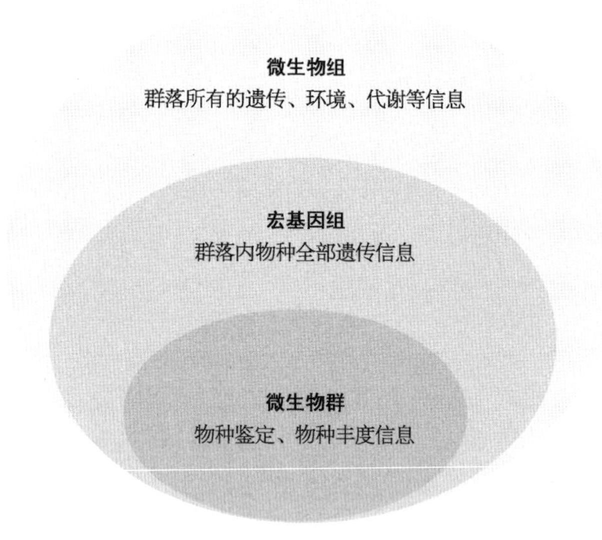

图 1.1　微生物群、宏基因组和微生物组的关系

1.1.1　微生物群

微生物群(microbiota)既包括植物体上共生或病理的微生物生态群体，也包括土壤、水体和空气等环境中自由生存的细菌、古菌、原生动物、真菌和病毒[4]。它们在宿主的免疫、代谢和激素等方面具有非常重要的作用。一个微生物群中通常包含几十到数千种微生物，这些微生物相互协作适应环境的变化而生生不息；同时，它们的生命活动也对环境产生了长期而深刻的影响。随着人类对于微生物了解的深入，微生物群基础研究及其在健康和环境等领域的应用研究日益重要[5]。微生物群中绝大部分微生物是不可培养的，且包含大量未知的微生物。

对不同微生物群之间的差异度量主要是基于微生物群内微生物的组成和分布进行的，这是形成一个特定群落的基础，也是群落之间差异的来源。为了度量这种差异，多种多样的度量指标被提出，其中最常用的有 α 多样性、β 多样性和 γ 多样性[5]。

1. α 多样性

α 多样性表征一个群落内物种的个数，即物种丰富度(species richness)和每个物种的数量及分布，即均匀度(evenness)。α 多样性的计算指标很多，如辛普森多样性指数(Simpson index)、香农-维纳指数(Shannon-Weiner index)等，其中最常用的是香农-维纳指数，该指数可通过计算一个群落的多样性定量地描述其物种分布情况(图 1.2)。

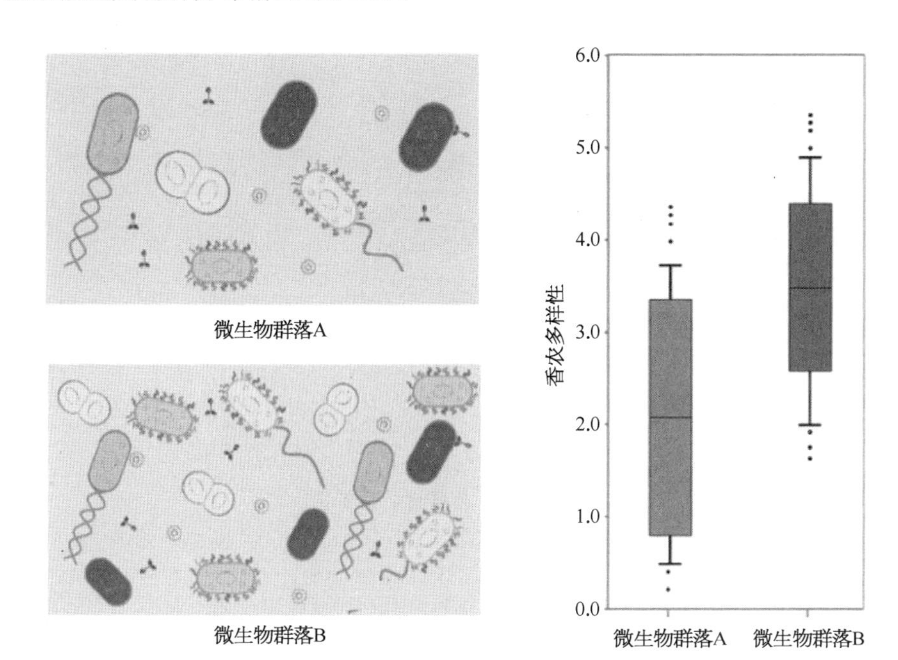

图 1.2　α 多样性示意图

左图：基于 A、B 2 个微生物群，分别计算并统计微生物群里每个样本中微生物的多样性；右图：用差异检验比较 2 个微生物群的多样性。

2. β 多样性

β 多样性是从地区尺度上度量微生物物种组成沿着某个梯度方向从一个群落到另一个群落变化率的常用方法[6]。β 多样性的差异程度可通过统计学中的距离计算进行量化分析后得出，通常使用统计算法 Euclidean、Bray-Curtis、Unweighted_unifrac、Weighted_unifrac 等计算两两样本间距离，获得距离矩阵，可用于后续进一步的 β 多样性分析和可视化统计分析。主坐标分析(principal co-ordinates analysis, PCoA)是将其可视化最常用的方法。这是一种降维排序方法，通过一系列的特征值和特征向量排序，从多维数据中提取出最主要的元素和结构。样本距离越接近，表示物种组成结构越相似。

因此，一般来自同一个环境的样本倾向于聚集在一起，代表群落更为相似，而不同环境的样本则会分离，代表群落差异很大(图 1.3)[6]。

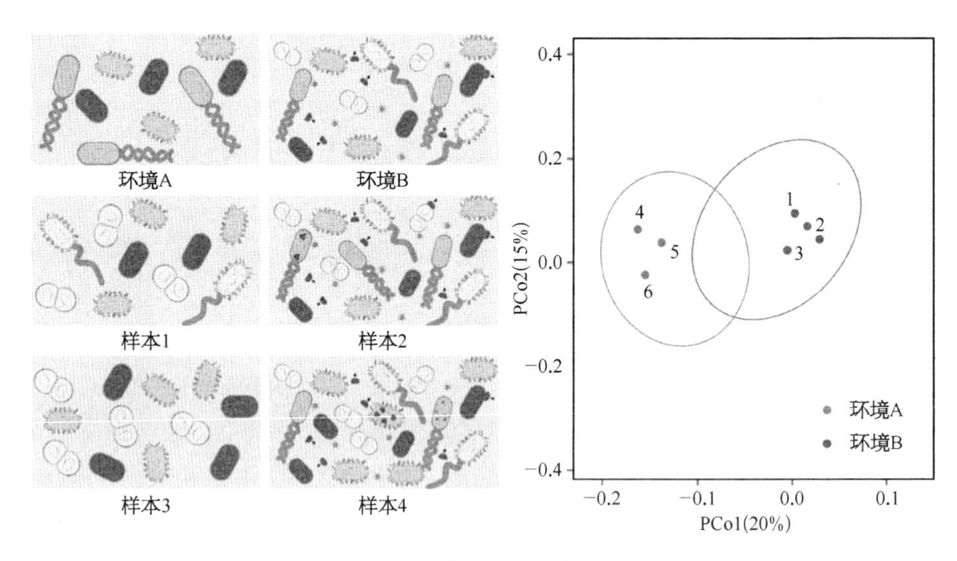

图 1.3　β 多样性示意图

左图：在不同的地区尺度上分别采集了大量样本，通过统计学中的距离公式获得各个样本的坐标位置以及它们之间的距离；右图：通过 PCoA 降维排序将每一个样本表示在图中，一个点代表一个样本。

1.1.2　宏基因组

宏基因组又称元基因组或微生物环境基因组(metagenome)，其定义是生境中全部微生物遗传物质的总和。它直接将包含可培养的和未可培养的微生物群落的所有遗传物质作为研究对象，广义来说包括环境基因组学、生态基因组学和群体基因组学。

传统的微生物学和微生物基因测序依赖单克隆的培养。早期环境基因测序通过克隆 16S rRNA 基因等特定基因来确定自然样品中的生物多样性，但是此方法将会漏掉大量未被培养的微生物[5]。因此，近期研究常采用鸟枪法或 PCR 直接测序方法来获得样品群体中所有成员无偏好的基因[4]，这类方法可以展现从前无法发现的微生物多样性。此外，随着测序价格的下降，宏基因组的微生物生态研究比之前的规模更大，可以进一步挖掘更多的有用信息。

宏基因组学或元基因组学(metagenomics)的研究对象是环境样品中的微生物群体基因组，也就是宏基因组。其主要的研究手段是功能基因筛选或测序分析，通过一系列分析可以获得微生物多样性、种群结构、进化关系、功能活性、相互协作关系及与环境之间的关系等有用信息。宏基因组学研究实现了从单一基因到基因集合的转变，打破了物种界限，揭示了更高、更复杂层次的生命运动规律。目前，在基因结构功能认识和基因操作技术背景下，细菌宏基因组成为研究和开发的主要对象，而针对古菌和真菌等其他微生物群落的研究则较少。细菌人工染色体文库筛选和基因系统学分析使得研究者能更有效地开发细菌基因资源，更深入地洞察细菌多样性。

1.1.3　微生物组

微生物组(microbiome)包括微生物(细菌、古菌、低等或高等真核生物和病毒)的基因组及其周围环境，也就是说微生物组既包括微生物物种，又包括各个物种的基因组以及相关环境因素和代谢产物[4]。微生物组是结合了宏基因组学、代谢组学、宏转录组学以及宏蛋白组学等和临床/环境数据的集合。

微生物组学是指对微生物组数据进行研究的学科，其研究内容一般可以分为三大类。① 微生物培养：这是了解微生物形态结构和生理功能最直接的方法，但是微生物培养一般费时费力，且许多微生物是不可培养的，基于高通量测序可以解决这些问题。② 微生物测序：高通量测序技术的进步极大地促进了微生物的研究，基于高通量测序技术的微生物研究平台主要包括扩增子测序技术和宏基因组测序技术等。③ 多组学研究：基因测序方法不能直接测定微生物的功能活性，难以鉴定微生物中的关键功能分子，单独使用时无法回答何种成员微生物通过何种方式影响宿主等关键问题。单一组学研究弊端已日益显现出来，而微生物组学与代谢组学等多组学联用的优势逐渐突出，其关联分析在宿主生理、疾病病理、药物药理等领域已取得众多进展，具有良好应用前景。

1.2　微生物组高通量测序

微生物组学研究在人体健康、生态环境、工农业生产等领域发挥重要作用。目前来说，微生物组学研究的发展重点是将传统微生物培养技术向以高通量测序、成像技术和生物信息技术等为代表的新一代微生物学技术转变[3]。目前，微生物组学研究主要分为三大类，其中高通量测序技术是其主要研究手段。

对微生物群体进行高通量测序又称微生物群落测序，是指通过序列来分析特定环境中微生物群体的构成情况或基因的组成以及功能。对微生物群落进行测序包括两类：一类是通过16S rDNA、18S rDNA、内源转录间隔区(internally transcribed spacer，ITS)区域进行扩增测序，进而分析微生物的群体构成和多样性；另一类是宏基因组测序，即不经过分离培养微生物而对所有微生物DNA进行测序，从而分析微生物群落构成和基因构成，挖掘有应用价值的基因资源。

1.2.1 扩增子测序

以16S rDNA扩增进行测序分析主要用于微生物群落多样性和构成的分析。目前的生物信息学分析也可以基于16S rDNA的测序，对微生物群落的基因构成和代谢途径进行预测分析，大大拓展了人们对于环境微生物的微生态认知。

1. 基础概念

(1) 16S rDNA(或16S rRNA)　编码原核生物核糖体小亚基的基因，长度约为1 500 bp，其分子大小适中、突变率小，是细菌系统分类学研究中最常用和最有用的标志。

(2) 操作分类单元(operational taxonomic units，OTU)　提取样品的总基因组DNA，利用16S rRNA或内源转录间隔区的通用引物进行PCR扩增。不同16S rRNA序列的相似性高于97%就可以定义为一个操作分类单元，每个操作分类单元对应一个不同的16S rRNA序列，也就是每个操作分类单元对应一个不同的细菌(微生物)种。通过操作分类单元分析，可以知道样品中的微生物多样性和不同微生物的丰度。

(3) 测序区段　16S rDNA较长，只能对其中经常变化的区域也就是可变区进行测序。16S rDNA包含9个可变区，分别是V1～V9。研究中，一般对V3～V4双可变区域进行扩增和测序，偶尔也会对V1～V3区进行扩增和测序。

2. 研究过程

(1) 提取样品DNA　DNA可以来自土壤、粪便、空气或水体等。

(2) 质检和纯化　一般16S rDNA扩增子测序对DNA的总量要求并不

高，总量＞100 ng，浓度＞10 ng/μL，大多可以满足要求。如果是来自和寄主共生的环境，如昆虫的肠道微生物，提取其DNA时可能混合了寄主本身的大量DNA，因此对DNA的总量要求会有所提高。

（3）测序　对完成PCR后的产物进行测序。目前，可以采用多种不同的测序仪，如罗氏的454、Illumina的MiSeq、Life的PGM或Pacbio的RSII三代测序仪进行16S rDNA测序。

（4）数据分析　① 聚类统计：对于获得的测序数据，基于序列相似度对其进行同源聚类获得操作分类单元，后与数据库GreenGene进行比对，并对每个操作分类单元进行reads数目统计。② 样本构成丰度分析：利用稀释曲线分析来评价测序量是否足以覆盖所有类群，并间接反映样品中物种的丰富程度，可以检验微生物多样性分析中需要验证测序数据量是否足以反映样品中的物种多样性；Rank-Abundance曲线用于同时解释样品多样性的两个方面，即样品所含物种的丰富度和均匀度。③ 多样性分析：PCoA分析是一种研究数据相似性或差异性的可视化方法，通过PCoA可以观察个体或群体间的差异；NMDS分析（非度量多维尺度分析）常用于比对样本组之间的差异，可以基于进化关系或数量距离矩阵；PCA分析通过一系列的特征值和特征向量进行排序后，选择主要的前几位特征值，采取降维的思想；LDA分析可以获得组间差异显著物种（又可以称作生物标志物），该分析主要是想找到组间在丰富度上有显著差异的物种。④ 差异性菌群分析：对已有测序微生物基因组的基因功能进行分析后，可以通过16S测序获得的物种构成推测样本中的功能基因构成，从而分析不同样本和分组之间在功能上的差异。⑤ 环境因子分析：冗余分析（redundancy analysis, RDA），可以得到哪些物种受哪些特定的环境因子影响；典范对应分析（canonical correspondence analysis, CCA），能够揭示2组变量之间的内在联系。

1.2.2　宏基因组测序

1. 研究过程

基因组学的研究过程一般包括从环境样品中提取基因组DNA、克隆DNA并连接到合适的载体、导入宿主菌体、筛选目的克隆4个步骤。在宏基因组学中，要测定由多种微生物组成的复杂群落的混合基因组序列，但是绝大多数细菌是不可培养的，因此并没有足够的研究材料。

不同于传统的先培养微生物再提取 DNA 的做法，宏基因组直接收集能够代表特定环境生物多样性的样品；然后利用各种理化方法破碎微生物使其释放 DNA，再利用密度梯度离心等方法进行分离纯化。接着对 DNA 进行酶切或者超声打断处理，并将其与合适的载体 DNA 进行连接，构建重组体。将带有宏基因组 DNA 的载体通过转化方式转入模式微生物，建立各自的无性繁殖系。最后对宏基因组文库的 DNA 进行分析。

基于不同的研究目的，分析方法主要分为两类：一类是表型功能筛选，即利用模式微生物表型的变化筛选某些目的基因；另一类是序列基因型分析，即对文库中所有或部分 DNA 进行测序分析，以应用于生态学研究。

2. 宏基因组学的技术方法

宏基因组学的研究策略和方法大致相同，下面按照宏基因组学研究的基本过程和策略对常用方法和技术予以简要介绍。

（1）样品总 DNA 的提取及基因或基因组 DNA 的富集　提取的样品 DNA 必须可以代表特定环境中微生物的种类，尽可能代表自然状态下的微生物原貌，获得高质量环境样品中的总 DNA 是宏基因组文库构建的关键之一。

常用的提取方法有直接裂解法和间接提取法（细胞提取法）。直接裂解法是将环境样品直接悬浮在裂解缓冲液中处理，继而抽提纯化，包括物理法（如冻融法、超声法、玻璃珠击打法、液氮研磨法等）和化学法、酶法等。细胞提取法先采用物理方法将微生物细胞从环境中分离出来，然后采用较温和的方法抽提 DNA，如先采用密度梯度离心分离微生物细胞，然后包埋在低熔点琼脂糖中裂解，脉冲场凝胶电泳回收 DNA。

（2）宏基因组文库的建立　宏基因组文库的构建策略取决于研究的整体目标。偏重于低拷贝、低丰度基因还是高拷贝、高丰度基因，取决于研究的目的是单个基因或基因产物还是整个操纵子及编码不同代谢途径的基因簇。基因文库的建立过程需要选择合适的克隆载体和宿主菌株。传统的方法是直接利用表达载体构建宏基因文库，但是表达载体可插入的宏基因片段一般小于 10 kb。克隆中宿主菌株的选择主要考虑转化效率、宏基因的表达、重组载体在宿主细胞中的稳定性以及目标性状的筛选等。

（3）宏基因组文库的筛选　由于环境基因组的高度复杂性，需要通过高通量和高灵敏度的方法来筛选和鉴定文库中的有用基因。筛选技术大致可分为 4 类：① 基于核酸序列差异分析；② 基于目的克隆功能的特殊代谢活性；

③ 基于底物诱导基因的表达；④ 基于包括稳定性同位素和荧光原位杂交在内的其他技术。

1.2.3　测序技术的发展

1. 基因测序技术

基因组学的研究重点在于解码物质的遗传信息，Watson 和 Crick 在 1953 年提出 DNA 分子双螺旋结构，自此解码遗传信息成为众多生命科学工作者的追求。其主要探索方向就是对基因组进行测序，基因测序技术也称作 DNA 测序技术[7]。1977 年，Sanger 提出的双脱氧链终止法开启了一代测序的时代；1990 年，正式启动了规模宏大的人类基因组计划；1995 年，测序得到了第一个完整的细菌基因组即嗜血流感菌；2001 年，完成人类基因组计划，生命科学研究开始进入基因组学时代。2005 年，第一台二代测序仪 454 GS20 问世，Illumina 也在 2007 年发布了二代测序仪。总的来说，基因组测序领域已经进入了高通量测序时代，各项研究也逐渐从单一、局部的基因或基因片段的研究转变成了对整个基因组的研究[8]。2011 年，三代测序技术跨越了一代、二代较短读长而直接对 DNA 单个分子进行测序实现又一突破，其应用日益广泛[7-12]（图 1.4）。随着 Sanger 测序技术的问世，生命研究走进基因组时代，在之后的百年里，二代、三代测序仪相继问世，高通量测序极大地推进了生物学研究的进程。

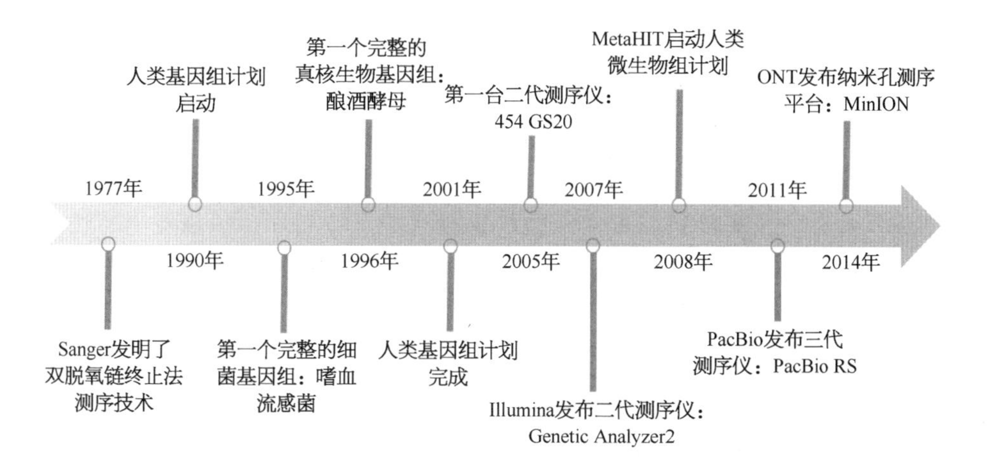

图 1.4　基因测序技术发展简史

2. 测序仪

随着测序技术的发展，各个公司开发了大量的测序仪(sequencer)作为商业化的应用，表1.1列举了基于各类测序技术下较有代表性的测序平台。

表1.1 商用测序技术和平台的比较

测序平台	公 司	测序方法	碱基读长(bp)	技术优点	技术局限	测序技术类型
3130xL-3730xL	ABI/生命技术公司	桑格-毛细管电泳测序法	600～1 000	高读长，准确度一次性达标率高，能很好处理重复序列和多聚序列	通量低；样品制备成本高，难以做大量的平行测序	一代测序技术
HiSeq2000，HiSeq2500/MiSeq	Illumina	可逆链终止物和合成测序法	25～35	很高的测序通量	仪器昂贵，用于数据检测和分析的费用很高	二代测序技术
PacBio RS	太平洋生物科学公司	实时单分子DNA测序	约1 000	不需要扩增，最长单个读长接近3 000碱基	准确性低，DNA聚合酶在阵列中降解，每个碱基测序成本高	三代测序技术

3. 测序成本的变化

除了测序通量和读长的进步之外，测序技术的大范围应用主要归功于成本的下降(图1.5)，早期的人类基因组计划只有一代测序技术，耗资30亿美元才获得了大部分的人类基因组信息，这样高昂的成本是常规科学研究者无法承受的。测序成本随着新一代测序技术的发明和应用出现了断崖式的下降，全基因组测序的成本在2008年降至20万美元[13]。到2010年，该费用已经可以控制在10 000美元以内，目前，不到1 000美元即可测定一个人类的全基因组[14]。

4. 测序技术的发展方向

在当前的生物学问题研究中，一代和二代测序技术已经越来越成熟，三代测序技术也呈现出迅速发展的趋势[13-15]。三代测序弥补了一代和二代测序在

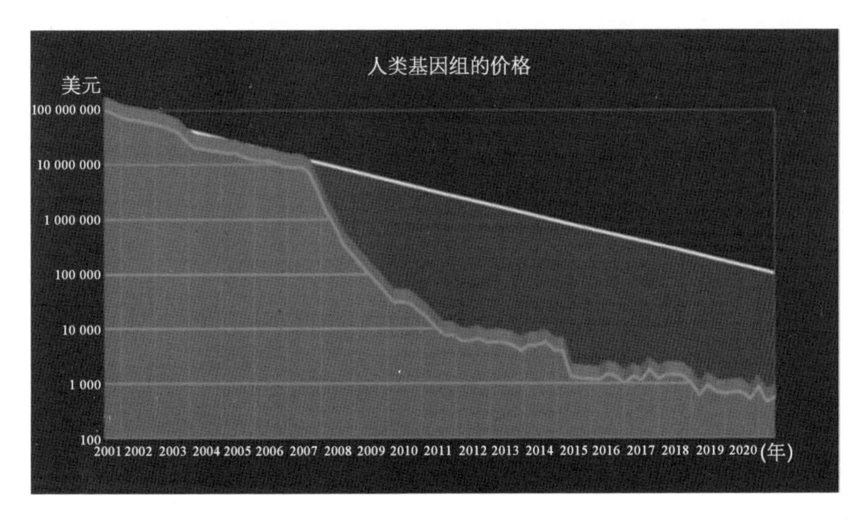

图 1.5 基因测序技术成本变化

读长上的局限性，其读长和单分子测序具有独特优势，避免了扩增引入的碱基偏好错误[16]。目前，以 PacBio SMRT 和 ONT 纳米孔测序技术为代表的三代测序技术在基因组学研究中应用日益增多，研究领域涵盖基础科学、疾病诊疗、农业及环境等领域[17]。目前，利用测序技术对疾病相关基因组区域进行研究，是精准医疗的一大研究方向。三代测序在基因组重复区域或结构变异等研究领域优势明显，而结构变异特性的研究对于包括癌症在内的很多疾病研究意义重大，如与基因组重复区域或结构变异相关的遗传性罕见病。利用三代测序技术不仅可以建立基因变异与疾病的关联，更被越来越多研究者看好，成为未来重要的精准诊断手段。此外，基于基因信息的祖源研究，人类对物种起源进化和选择有了更全面的认识。凭借对其他物种尤其是经济物种遗传信息的解析，育种工作者通过建立基因与性状的关联，对持有优良性状基因的个体进行人工选育，大大缩短了育种进程。在生态环境研究方面，通过对生物群体的遗传解码，人们对人与环境和谐发展将有新的认识[16]。

1.2.4 鸟枪法宏基因组测序的拓展研究

传统的鸟枪法宏基因组学技术挑战仍然存在于计算密集的短读装配、菌株在群落内部的异质性以及低丰度微生物所需的覆盖深度等方面。从这个角度来看，偶联稳定的同位素探测和基因组分辨的宏基因组学，将荧光激活的细胞分选方法应用于更大的微生物群落，将移动元件连接到宿主微生物细胞具有较好的发展前景。毫无疑问，这些发展将推动基因组解析的宏基因组学方法的发展，将能更好地了解自然环境中未培养的微生物。

具有完整或原始基因组序列的细菌和古菌分离物的收集已达到惊人的水平，目前公共数据库中已有182 000多条记录[18]，基于这些序列可以用于研究微生物代谢和功能潜力。但是，大量的微生物还不能实现人工培养，只能通过鸟枪法宏基因组学和单细胞基因组学等获得其基因组信息。宏基因组数据集的组装和分类，使得研究者能够重建种群水平的基因组草图，为未培养细菌和古菌的进化和代谢特性、基因组解析的数据分析、分类学锚定各种微生物提供了重要信息。

然而，宏基因组学方法的一个主要限制在于初始样品收集的非目标性，虽然测序深度增加了，并可以使用功能越来越强大的超级计算机进行组装，但仍需要比鸟枪法宏基因组测序更智能的方法，以便在物种和品系水平上获得更多有用信息。

1. 耦合稳定性同位素示踪与基因组分辨的宏基因组学

DNA稳定同位素探测（DNA-stable isotope probing，DNA-SIP）可以根据同位素标记的底物（如^{13}C、^{15}N等）的摄取和掺入来有针对性地富集活性微生物[19]。在该方法中，将从与同位素标记的化合物一起孵育的群落中提取的DNA沿氯化铯密度梯度分离成不同的馏分，含“重”同位素标记的DNA会在较高馏分。标记化合物的同化作用可由微生物DNA密度的变化推断，DNA稳定同位素探测是将微生物与特定代谢过程联系起来的强大工具。

基于16S rRNA标记基因的高通量测序，一些DNA稳定同位素探测研究可以探索系统发育与原位功能之间的联系。其通常将16S rRNA序列以97%的序列相似性聚类到操作分类单元中，以降低方法学上的伪影，但是这些操作分类单元可以由基因含量和活性存在显著差异的不同群体组成。鸟枪分级测序实现了基因组解析的DNA稳定同位素探测，其中跟踪标记的基因组相比于标记的基因可以更好地区分具有高度16S rRNA相似性且密切相关的共存群体之间的功能活动。更重要的是，以基因组为中心的方法可以深入了解微生物组的功能，这是仅使用标记基因所不能揭示的。

除功能方面外，与DNA稳定同位素探测相关的分级分离步骤还有助于从复杂的群落中整体回收基因组。通过在测序之前将群落DNA非随机地分为几十个部分，增加某些部分中稀有微生物的相对丰度，从而比散装DNA的鸟枪法测序覆盖范围更大[20]。

DNA稳定同位素探测具有一些潜在功能，但其应用的限制因素较多，其中繁琐的程序就是一大限制。自动化DNA稳定同位素探测协议的开发使得可变性减少，同时增加了总体可访问性，自动化的进步将激发对未培养微生物群落原位功能活动的大量研究。

2. 靶向探索微型宏基因组

在提取和测序DNA前，可以将复杂的微生物群落分为较小的亚组。荧光激活细胞分选(fluorescence-activated cell sorting, FACS)是一种复杂但更灵活、更精确随机或非随机地生成微型元数据的方法。例如，使用荧光激活细胞分选从森林土壤中回收了一些未经培养的巨型病毒基因组，这些病毒基因组不能通过土壤样本在同一深度鸟枪测序方法中进行组装，并支持将复杂群落细分为低多样性的微观宏观基因组以恢复稀有成员的观点，并且使用传统的大规模宏基因组学方法可能会忽略这些稀有成员。

微型宏基因组学和鸟枪法宏基因组测序的结合可以改善不能培养微生物谱系的基因组回收率。结合不同样本的重叠群覆盖范围协方差可显著改善宏基因组划分[21]。例如，有研究对一个温泉群落中产生的几个微型宏基因组中发现的共生重叠群的存在或缺失模式进行分析，提高了基因组的回收率，但收集数十个样本以最大化覆盖范围协方差的功效可能会带来巨大的挑战，甚至有些是无法克服的挑战。使用类似于MetaSort[22]的方式，如微型宏基因组学和本体宏基因组学的混合方法可以更好地利用微型宏基因组之间的差异覆盖模式。

3. 连接可移动元件与微生物宿主

单分子读取技术可以将移动元件(特别是质粒)连接到宿主微生物细胞，改进了直接从环境中重建基因组的方法。质粒介导的水平基因转移影响微生物群落结构和进化，将独特的功能传递给微生物并在系统发生群之间交换基因。但由于对质粒的大小、结构、传播机制的多样性了解较少，从环境样品中直接分离质粒以及使用标准鸟枪法测序的准确计算预测存在局限性。

现在开发的许多新工具使得在微生物宿主和质粒之间建立牢固的联系成

为可能。例如，Hi-C 等邻近连接方法可以通过在文库创建和测序之前将质粒 DNA 物理连接到宿主染色体 DNA 以在质粒和宿主基因组之间建立明确的联系[23]。微生物宿主中特异性的 DNA 甲基化模式也可以识别质粒来源。不同的微生物通常为不同的基序序列编码不同的甲基转移酶，因此质粒宿主可以通过匹配甲基化基序来确定。在一项研究中就巧妙地利用了这种联系，并使用 PacBio 单分子实时(single molecule real time，SMRT)测序来确定合成和天然微生物组中质粒和染色体序列的甲基化部分，并能够将质粒与宿主联系起来。总之，宏基因组方法在靶向基因组分辨率方面的进步，提供了越来越多在环境微生物组中捕获更高分辨率的方法。

1.3 微生物组测序数据和基本分析流程

高通量测序技术的飞速进步和普及，使得微生物组学研究领域积累了大量测序数据，也助力了微生物组高通量测序数据分析方法和分析流程的开发和优化[24]。

在微生物组数据积累和整合方面，微生物组学数据的积累大大促进了微生物群落的研究，过去 10 年，微生物相关的论文数量呈指数增长[图 1.6(a)]，微生物组数据量每年以>100 TB 的速度增长[图 1.7(b)]。国际上已经建立了许多宏基因组相关的数据库，像 MG-RAST(http://metagenomics.anl.gov/)和 CAMERA(http://camera.calit2.net/)等。其中，NCBI 的 SRA(http://www.ncbi.nlm.nih.gov/sra)、MG-RAST 以及 CAMERA2 中公开的宏基因组项目超过 10 000 个，包含超过 1PB 的数据[25]。

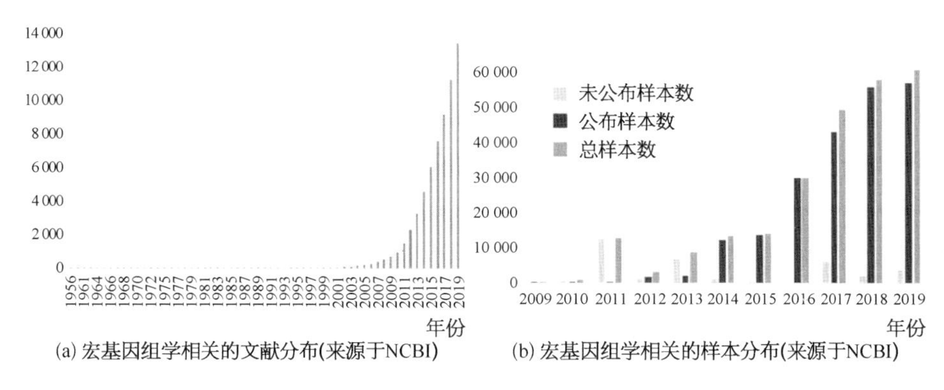

(a) 宏基因组学相关的文献分布(来源于NCBI)　(b) 宏基因组学相关的样本分布(来源于NCBI)

图 1.6　近年来微生物组的相关文献和样本数据的增长情况

然而，几大数据库不论是微生物组数据格式的统一与整合，还是微生物组数据和相关环境参数（meta-data）的匹配完整度等方面都存在许多问题。其中比较关键的一点是，微生物组数据尚未被有效分类组织起来，造成了样本分类和比较方面的瓶颈。按照菌群来源的生存环境（biome）而组织起来的微生物群落样本和相关测序数据，是依据生存环境本体的组织架构，通过层级结构组织起来的。例如，截至 2019 年底，EBI MGnify 的生存环境本体组织架构包括 491 个本体[26]，而人体大肠排泄物菌群的本体定位是 root > host-associated > human > digestive system > large intestine > fecal。这种本体结构非常有利于样本的分类。目前这种本体的层级组织结构并非完全是树状的，而是具有一个本体属于多个本体的直接子本体的特征，例如 fecal 就有多达 5 个以上的上一级本体信息。因此，每个微生物组数据的相关生存环境本体都有可能具有多标签（multi-label）。一方面，微生物组数据的多标签属性不利于样本的简单分类，造成了样本分类和比较方面的瓶颈。另一方面，微生物组数据的多标签属性符合大数据研究的特征，利用机器学习或者深度学习等方法来处理将有望获得较好的结果。

在微生物组数据分析挖掘方面，随着海量微生物组数据的积累，涌现了大量的微生物组数据库，以及大量的微生物组数据分析方法和软件（表 1.2）。其中主流的微生物组数据库包括 EBI MGnify[27]、QIITA[28] 等通用微生物组数据库，以及针对抗性基因挖掘的 CARD 数据库[29] 和针对合成代谢基因簇挖掘的 antiSMASH[30] 等。微生物组数据常用的分析方法和软件包括针对测序数据质量控制的 FastQC[31]、针对微生物组测序数据分析（从测序数据到物种结构）的 QIIME 2.0[32] 和 MetaPhlAn[33]、针对微生物组功能谱分析的 HUMAnN 2.0[34]、针对微生物组溯源分析的 SourceTracker[35]、针对微生物组功能基因挖掘的 DeepARG[36] 和 antiSMASH[30] 等。

表 1.2 常用分析工具

软件（平台）	分析数据对象	分析结果	参考文献
MOCAT	宏基因组	物种结构、丰度和功能分类，以及物种之间的比较	[37]
MEGAN	16S rRNA	物种结构、丰度和功能分类，以及物种之间的比较	[38]
MetaPhlAn	宏基因组	物种结构、丰度	[33]

续 表

软件(平台)	分析数据对象	分 析 结 果	参考文献
PICRUSt	宏基因组、16S rRNA	物种结构和功能分类	[39]
antiSMASH	宏基因组	BGC 分析	[30]
CARMA	16S rRNA	物种结构和功能分类	[40]
Sort - ITEMS	16S rRNA	物种结构和功能分类	[41]
QIIME	16S rRNA	物种结构、丰度和功能分类	[42]
MG - RAST	宏基因组、16S rRNA	物种结构、丰度和功能分类，以及物种之间的比较	[43]
CAMERA	宏基因组、16S rRNA	物种结构、丰度和功能分类，以及物种之间的比较	[44]
IBDsite	宏基因组、16S rRNA	物种结构、丰度和功能分类，以及物种之间的比较	[45]

总之，微生物组研究涉及海量、异质性的大数据，相关数据库和数据分析方法层出不穷，为微生物组大数据的深入挖掘和深刻理解打下了数据基础和方法基础。

小结

随着微生物组学的快速发展，微生物组研究在健康、环境、能源、工程等各个领域都有非常广泛的应用。微生物群落动态变化、疾病特异性标志物挖掘、微生物与宿主的相互作用、功能基因挖掘等新兴研究方向引起了广泛关注。将大数据挖掘的人工智能方法应用到微生物组研究具有潜在重要意义，而微生物组数据相关的测序、分析和数据库等基础背景知识的掌握，是进行后续微生物组大数据挖掘和分析的重要基础。

然而，微生物组知识极为广泛，微生物组的研究又是一个较为前沿和不断更新的领域，相关数据整合与分析方法迭代较快，各种新的概念不断衍生，所以本章所介绍的知识非常有限，希望广大读者在实际应用中可以应用这些基础知识不断拓展自己的知识体系。

参 考 文 献

[1] Proctor L M, Creasy H H, Fettweis J M, et al. The integrative human microbiome

project. Nature，2019，569(7758)：641 - 648.

[2] Xavier J B，Young V B，Skufca J，et al. The cancer microbiome：distinguishing direct and indirect effects requires a systemic view. Trends Cancer，2020，6(3)：192 - 204.

[3] 刘双江，施文元，赵国屏.中国微生物组计划：机遇与挑战.中国科学院院刊，2017，32(3)：241 - 250.

[4] Whiteside S A，Razvi H，Dave S，et al. The microbiome of the urinary tract — a role beyond infection. Nat Rev Urol，2015，12(2)：81 - 90.

[5] Knight R，Vrbanac A，Taylor B C，et al. Best practices for analysing microbiomes. Nat Rev Microbiol，2018，16(7)：410 - 422.

[6] Xue Z，Zhang W，Wang L，et al. The bamboo-eating giant panda harbors a carnivore-like gut microbiota，with excessive seasonal variations. mBio，2015，6(3)：e00022 - 00015.

[7] 丁思洁.基因检测指导下精准治疗对不可切除的局部晚期或术后复发转移食管癌患者的临床获益.广州：南方医科大学，2020.

[8] Shendure J，Balasubramanian S，Church G M，et al. DNA sequencing at 40：past，present and future. Nature，2017，550(7676)：345 - 353.

[9] 邱超，孙含丽，宋超.DNA 测序技术发展历程及国际最新动态.硅谷，2008，1(17)：127，129.

[10] 阳慧琼，王晓娟，李姣，等.高通量测序技术在临床兽医学中的应用研究进展.湖南畜牧兽医，2016(3)：43 - 45.

[11] Mardis E R. Next-generation DNA sequencing methods. Annu Rev Genomics Hum Genet，2008，9：387 - 402.

[12] 一代、二代、三代测序技术原理与比较.(2021 - 04 - 25)[2022 - 09 - 10]. https://zhuanlan.zhihu.com/p/367721345.

[13] Danaher P，Warren S，Lu R Z，et al. Pan-cancer adaptive immune resistance as defined by the Tumor Inflammation Signature (TIS)：results from The Cancer Genome Atlas (TCGA). J Immunother Cancer，2018，6(1)：63.

[14] 红皇后学术.基因测序技术发展历史及一、二、三代测序技术原理和应用[EB/OL]. (2019 - 08 - 12)[2022 - 09 - 10]. https://zhuanlan.zhihu.com/p/77663085.

[15] Feng Y X，Zhang Y C，Ying C F，et al. Nanopore-based fourth-generation DNA sequencing technology. Genom Proteom Bioinform，2015，13(1)：4 - 16.

[16] Pei S R，Liu T，Ren X，et al. Benchmarking variant callers in next-generation and third-generation sequencing analysis. Brief Bioinform，2020，22(3)：bbaa148.

[17] Suárez M A. Microbiome and next generation sequencing. Rev Esp Quimioter，2017，30(5)：305 - 311.

[18] Mukherjee S，Stamatis D，Bertsch J，et al. Genomes OnLine database (GOLD) v.7：updates and new features. Nucleic Acids Res，2019，47(D1)：D649 - D659.

[19] Radajewski S，Ineson P，Parekh N R，et al. Stable-isotope probing as a tool in microbial ecology. Nature，2000，403(6770)：646 - 649.

[20] Starr E P, Shi S J, Blazewicz S J, et al. Stable isotope informed genome-resolved metagenomics reveals that Saccharibacteria utilize microbially-processed plant-derived carbon. Microbiome, 2018, 6(1): 122.

[21] Sangwan N, Xia F F, Gilbert J A. Recovering complete and draft population genomes from metagenome datasets. Microbiome, 2016, 4: 8.

[22] Ji P F, Zhang Y M, Wang J F, et al. MetaSort untangles metagenome assembly by reducing microbial community complexity. Nat Commun, 2017, 8: 14306.

[23] Stalder T, Press M O, Sullivan S, et al. Linking the resistome and plasmidome to the microbiome. ISME J, 2019, 13(10): 2437 - 2446.

[24] 刘永鑫,秦媛,郭晓璇,等.微生物组数据分析方法与应用.遗传,2019,41(9): 845 - 862.

[25] Sayers E W, Beck J, Bolton E E, et al. Database resources of the National Center for Biotechnology Information. Nucleic Acids Res, 2020, 49(D1): D10 - D17.

[26] Schoch C L, Ciufo S, Domrachev M, et al. NCBI Taxonomy: a comprehensive update on curation, resources and tools. Database (Oxford), 2020, 2020: baaa062.

[27] Mitchell A L, Almeida A, Beracochea M, et al. MGnify: the microbiome analysis resource in 2020. Nucleic Acids Res, 2020, 48(D1): D570 - D578.

[28] Gonzalez A, Navas-Molina J A, Kosciolek T, et al. Qiita: rapid, web-enabled microbiome meta-analysis. Nat Methods, 2018, 15(10): 796 - 798.

[29] Stein C K, Qu P P, Epstein J, et al. Removing batch effects from purified plasma cell gene expression microarrays with modified ComBat. BMC Bioinformatics, 2015, 16: 63.

[30] Blin K, Shaw S, Steinke K, et al. antiSMASH 5.0: updates to the secondary metabolite genome mining pipeline. Nucleic Acids Res, 2019, 47(W1): W81 - W87.

[31] Bioinformatics B. FastQC a quality control tool for high throughput sequence data [EB/OL]. (2023 - 01 - 13)[2023 - 06 - 01]. http://www.bioinformatics.babraham.ac.uk/projects/fastqc/.

[32] Caporaso J G, Kuczynski J, Stombaugh J, et al. QIIME allows analysis of high-throughput community sequencing data. Nat Methods, 2010, 7(5): 335 - 336.

[33] Truong D T, Franzosa E A, Tickle T L, et al. MetaPhlAn2 for enhanced metagenomic taxonomic profiling. Nat Methods, 2015, 12(10): 902 - 903.

[34] 林立.人工智能(AI)在计算机上的应用.数字技术与应用,2012(4): 74.

[35] Brown C M, Mathai P P, Loesekann T, et al. Influence of library composition on SourceTracker predictions for community-based microbial source tracking. Environ Sci Technol, 2019, 53(1): 60 - 68.

[36] Arango-Argoty G, Garner E, Pruden A, et al. DeepARG: a deep learning approach for predicting antibiotic resistance genes from metagenomic data. Microbiome, 2018, 6(1): 23.

[37] Kultima J R, Coelho L P, Forslund K, et al. MOCAT2: a metagenomic assembly, annotation and profiling framework. Bioinformatics, 2016, 32(16): 2520 - 2523.

[38] Huson D H, Auch A F, Qi J, et al. MEGAN analysis of metagenomic data. Genome Res, 2007, 17(3): 377 - 386.

[39] Douglas G M, Beiko R G, Langille M G I. Predicting the Functional Potential of the Microbiome from Marker Genes Using PICRUSt.//Beiko R G, Hsiao W, Parkinson J. Microbiome Analysis: Methods and Protocols. New York, NY: Springer New York, 2018: 169 - 177.

[40] Gerlach W, Stoye J. Taxonomic classification of metagenomic shotgun sequences with CARMA3. Nucleic Acids Res, 2011, 39(14): e91.

[41] Monzoorul Haque M, Ghosh T S, Komanduri D, et al. SOrt-ITEMS: sequence orthology based approach for improved taxonomic estimation of metagenomic sequences. Bioinformatics, 2009, 25(14): 1722 - 1730.

[42] Kuczynski J, Stombaugh J, Walters W A, et al. Using QIIME to analyze 16S rRNA gene sequences from microbial communities. Curr Protoc Microbiol, 2012, 27(1): 1E.5.1 - 1E.5.20.

[43] Keegan K P, Glass E M, Meyer F. MG - RAST, a metagenomics service for analysis of microbial community structure and function. Methods Mol Biol, 2016, 1399: 207 - 233.

[44] Seshadri R, Kravitz S A, Smarr L, et al. CAMERA: a community resource for metagenomics. PLoS Biol, 2007, 5(3): e75.

[45] Merelli I, Viti F, Milanesi L. IBDsite: a Galaxy-interacting, integrative database for supporting inflammatory bowel disease high throughput data analysis. BMC Bioinformatics, 2012, 13 (Suppl 14): S5.

第2章 微生物组大数据及其主流分析方法

微生物组学是新兴的热点研究方向，和疾病、环境、能源等诸多领域有着非常密切的联系。16S测序技术和宏基因组测序技术是目前获得微生物组数据的主要方法。随着微生物组数据的大量积累，对数据的整合和分析提出了更高的要求。近年来，微生物组数据库和分析方法不断创新更迭，极大地促进了微生物组学研究的发展。然而，数据的高异质性、不同研究数据之间的批次效应等问题依旧是微生物组分析的一大挑战。本章将介绍微生物组大数据的基本特征，现在较为主流的数据库、分析方法和软件，现阶段微生物组大数据研究领域存在的一些问题，以及16S测序和宏基因组测序数据的分析流程。

2.1 基本概念及分类

微生物组大数据是微生物群落在数据层面的体现，能够反映微生物群落在不同角度的多种特征（图2.1），具有多模态、多组学整合研究的典型特征。这些数据在组学轴上，可分为宏基因组、宏转录组、宏蛋白组、宏代谢组等多种组学类型；在尺度轴上，分为单细胞、单一微生物群体、微生物群落的大范围尺度；在数据轴上，包括从数据生成和采集、数据库构建，到数据挖掘过程的所有数据；在时空轴上，包括纵向时间采样搜集到的样本，以及不同空间搜集到的样本等。这些基于不同角度产生的与微生物群落相关的数据，是微生物组研究的主要对象，其中微生物组学数据是微生物组大数据的核心，是微生物组大数据挖掘的主要对象[1]。

微生物组学数据主要指与微生物群落相关的微生物宏基因组测序数据、代谢组和表型组等组学数据以及环境指标元数据（meta-data）等的集合（图2.2），是微生物组大数据的核心[1]。

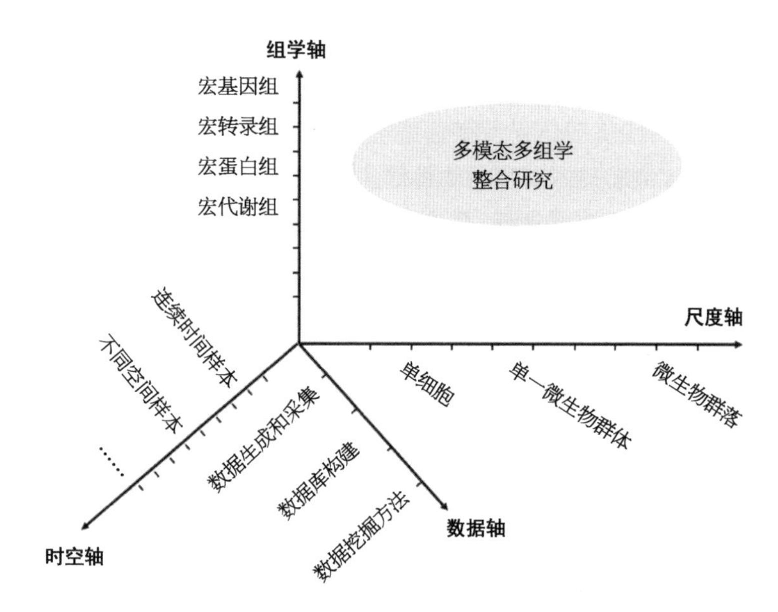

图 2.1　微生物组大数据在微生物群落的不同研究角度

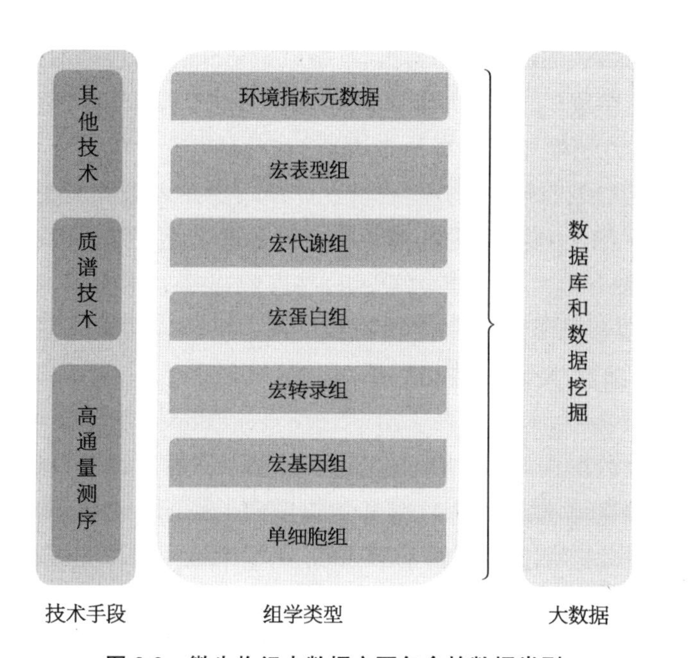

图 2.2　微生物组大数据主要包含的数据类型

微生物宏基因组测序数据，是指微生物群落中遗传物质DNA的测序数据，能够反映微生物群落中的物种、基因等众多信息，是目前微生物组研究的主要数据类型。微生物宏基因组测序数据包括16S rRNA测序数据和全基因组测序数据，其中16S rRNA测序数据只能够反映群落的物种信息，而全基因组测序数据不仅能够反映群落的物种信息，还能反映群落中的功能基因信息。

微生物宏转录组测序数据，是指微生物群落中RNA的测序数据，能够反映微生物群落中基因表达和基因调控等功能相关的信息，是目前微生物组研究中能够反映群落功能的主要数据类型。

微生物宏蛋白组数据，是指微生物群落中蛋白质的质谱数据，能够反映微生物群落中蛋白表达和蛋白功能等相关信息，是目前微生物组研究中能够反映群落功能的重要数据类型。然而，由于微生物群落中蛋白质的质谱数据在覆盖度和精确度上的限制，目前微生物宏蛋白组数据并不是很多。

微生物组相关的宏代谢组数据，主要指微生物群落中细菌代谢物的质谱数据，能够反映微生物群落在代谢水平的功能信息，是目前微生物组研究中能够反映群落功能的重要数据类型。在多组学研究中，常常将微生物组相关的宏代谢组数据与其他组学数据整合使用，可以发掘微生物群落的代谢规律。

微生物组相关的宏表型组数据，是指微生物群落中的细菌表型数据，包括微生物群落图像数据、微生物群落单细胞表型、微生物群落时空分布数据等，能够反映微生物群落中各个物种的时空分布和动态变化规律。

微生物组相关的元数据，主要指微生物群落在采样、测序和分析过程中涉及的环境指标、测序参数和分析参数等各类数据。元数据通常会结合组学数据进行关联分析，以及辅助样本的分组分析。

2.2 微生物组大数据的特征

微生物组数据具备大数据的全部4V特点：① 数据量大(volume)：采集、存储和计算的量都非常大，大数据至少是以P(1 000个T)、E(100万个T)或Z(10亿个T)为起始计量单位；② 类型繁多(variety)：种类和来源多样化，包括结构化、半结构化和非结构化数据，多类型的数据对数据的处理能力提出了更高的要求；③ 速度快、时效高(velocity)：数据增长速度快，处理速度也快，时效性要求高，这是大数据区别于传统数据挖掘的显著特征；④ 价值密度低(value)：信息海量，但价值密度较低[2]。由于微生物组数据具备这些特点，所以大数据技术和机器学习技术非常适合微生物组数据的组织整合与深入分析。数据挖掘(data mining, DM)是一门新兴的交叉性学科,是从庞大的数据中提取未知、隐含及具备潜在价值的信息过程,将数据挖掘用于微生物组大数据,并将所挖掘的有效信息直接服务于临床诊断、预测和潜在治疗方案的提出,具有明显的临床价值和意义。

当前微生物组学研究的角度包括不同时空环境下的微生物功能与群落动态变化趋势、基因型和表型的资源等,在营养与健康、环境监控、能源与工程等领域有重要的应用[3]。随着微生物群落在人体健康、环境监测、能源与工程等应用领域的深入研究,以及微生物群落研究中菌群基因型和表型关系、群落时空动态变化规律等重要研究角度的深入解读,海量测序数据和元数据正在被积累,相应的样本和数据激增,形成了数据整合与数据挖掘方面的瓶颈。而旺盛的微生物组分析需求,以及微生物组数据深入挖掘分析的需求,强化了解决数据整合与数据挖掘方面的瓶颈问题的紧迫性。只有设计和开发创新的数据整合与挖掘方法,尤其是人工智能分析方法,才能够应付不同类型微生物组数据激增和计算规模指数型上升所引起的"数据爆炸"问题,才能有效地挖掘微生物组大数据中的重要物种、重要基因、重要规律,推动微生物组学研究的进步[4]。

2.3　微生物组的主流数据库

微生物组大数据具有极高的异质性,对数据整合与挖掘造成了较大的难度,因此建立较全面的微生物组数据库具有极为重要的价值。微生物组各类数据库的发展较为迅猛,相关主流数据库的迭代速度较快。表 2.1 列举了目前流行的数据库。

表 2.1　微生物组学数据库资源

数据库	简　介	网　址	参考文献
EBI MGnify	EBI 是有上百万个微生物组样本的数据库,并且提供了基本的在线数据分析工具	https://www.ebi.ac.uk/metagenomics/	[5]
SILVA	物种鉴定的典型数据库之一,而且物种信息更新及时	https://www.arb-silva.de/	[6]
QIITA	UCSD 提供的生物组数据库和分析平台,包括较为丰富的微生物组样本对应的分析流程,以及各类元数据	https://qiita.ucsd.edu/	[7]

续 表

数据库	简　　介	网　　址	参考文献
CARD	抗生素抗性基因数据库	https://card.mcmaster.ca/	[8]
antiSMASH	全面准确的生物合成基因簇数据库	https://antismash.secondarymetabolites.org/	[9]
DoBISCUIT	经手工挑选过的生物合成基因簇数据库	http://www.bio.nite.go.jp/pks/	[10]

目前的数据库资源主要集中在以下几个方面：

第一，微生物的物种鉴定。根据微生物宏基因组测序数据内所含的物种信息可将其归类为"门""纲""目""科""属"等不同分类层次。物种鉴定的典型数据库包括GreenGene[11]、SILVA[6]等。但是，数据库中已知类别和功能的序列有限，微生物群落中大部分微生物的准确种类尚未明确。

第二，微生物组的功能调控和代谢途径预测。对于生物合成基因簇(biosynthetic gene cluster, BGC)和抗生素抗性基因簇(antibiotic resistance gene cluster, ARG)等基因功能集团的研究，antiSMASH[9]和NaPDoS[12]、IMG-ABC[13]、DoBISCUIT[10]、ClusterMine360[14]等是具有代表性的数据库。然而，微生物群落包含数量巨大的基因，而绝大多数基因的功能是未知的。

第三，微生物组整合数据库和分析平台。QIIME[15]、MG-RAST[16]和EBI Metagenomics[5](现名EBI MGnify)等分析平台包含微生物数据分析的主要步骤，极大地简化了微生物组数据分析过程。但是，宏基因组数据分析平台的发展仍然远远落后于宏基因组数据的快速积累。海量宏基因组数据以及与其他组学数据的整合分析与深度挖掘，亟须高性能的数据挖掘和展示平台。

当前各类微生物组数据库中已经存储了数百万个微生物组样本的各类信息，所涉及的数据量超过1.0 PB。虽然在数据整合与映射等方面还存在一系列问题，但是各类微生物组数据库中积累的海量异质性数据，为微生物组大数据的整合与挖掘提供了坚实的数据基础。

2.4 微生物组的主流数据分析方法和软件

高通量测序技术的发展和应用，积累了海量的微生物组数据。微生物组研究相关的分析方法和工具也取得了快速发展，大批优秀的软件、流程和可视化工具相继发布（表 2.2），进一步推动了本领域的发展[17]。

表 2.2　代表性的微生物组学数据分析方法和软件

名　称	简　介	网　址	参考文献
QIIME	QIIME 是一个开源的生物信息学分析平台，用于原始 DNA 测序数据的微生物组分析	http://qiime.org	[15]
QIIME 2	QIIME 的第二版，是可扩展的、免费的、开源的、由社区开发的下一代微生物组生物信息学平台	https://qiime2.org	[18]
USEARCH	是小巧、跨平台、高速计算的比对工具，含有的子命令超过 200 个，可实现扩增子分析	http://www.drive5.com/usearch	[19]
VSEARCH	作为 USEARCH 的补充，或在 QIIME 2 中调用 vsearch 插件，也可单独使用的跨平台扩增子分析流程	https://github.com/torognes/vsearch	[20]
Trimmomatic	一种用于 Illumina NGS 数据低质量、引物和接头序列去除工具	http://www.usadellab.org/cms/index.php?page=trimmomatic	[21]
Bowtie2	快速比对工具，是一个超快和内存高效的工具	http://bowtie-bio.sourceforge.net/bowtie2	[22]
MetaPhlAn2	MetaPhlAn(宏基因组系统发育分析)是一个计算工具，用于从宏基因组鸟枪测序数据中分析微生物群落的组成	https://huttenhower.sph.harvard.edu/metaphlan2	[23]
Kraken2	Kraken 2 是 Kraken 的最新版本，是一个使用精确 k-mer 匹配来实现高精度和快速分类的分类系统	https://ccb.jhu.edu/software/kraken2	[24]
HUMAnN2	HUMAnN 2.0 是一个通过宏基因组或宏转录组测序数据(通常是数百万个短 DNA/RNA 读取)高效、准确地分析一个群落中微生物路径存在/缺失和丰度的管道	https://huttenhower.sph.harvard.edu/humann2	[25]
MEGAHIT	超快、省内存的宏基因组组装软件	https://github.com/voutcn/megahit	[26]
metaSPAdes	宏基因组的组装软件，组装质量较高，可实现菌株水平组装，但对内存和计算资源消耗极大	http://cab.spbu.ru/software/spades	[27]
MetaQUAST	评估和比较基于密切参考比对的宏基因组组合；它基于 QUAST 基因组质量评估工具，但针对宏基因组数据集的特定特征	http://quast.sourceforge.net/metaquast	[28]
MetaGeneMark	细菌、古菌、宏基因组和宏转录组的基因预测工具，支持 Linux/MacOSX 操作系统，还提供在线分析服务	http://exon.gatech.edu/GeneMark/meta_gmhmmp.cgi	[29]

续 表

名 称	简 介	网 址	参考文献
Prokka	用于原核基因组快速注释的软件工具	http://www.vicbioinformatics.com/software.prokka.shtml	[30]
CD-HIT	构建非冗余基因集	http://weizhongli-lab.org/cd-hit	[31]
Salmon	基于 k-mer 的快速基因序列定量方法	https://combine-lab.github.io/salmon	[32]
MetaWRAP	分箱流程，提供分箱结果的提纯、定量、物种分类和可视化等功能	https://github.com/bxlab/metaWRAP	[33]
DAS Tool	整合了 5 种分箱工具的分箱流程，提供结果提纯	https://github.com/cmks/DAS_Tool	[34]
MOCAT2	宏基因组数据集分析包，支持 Illumination 原始 FastQ 格式的单双端数据，可以生成分类和功能文件以及组装读段和预测基因	https://mocat.embl.de/index.html	[35]
PICRUSt	微生物群落功能预测工具，基于标记基因序列(如 16S rRNA)以及全基因组预测微生物群落功能	http://picrust.github.io/picrust	[36]
antiSMASH	微生物基因组数据库，可以实现基因组与基因组之间相关天然产物合成基因簇的查询和预测	https://antismash-db.secondarymetabolites.org	[37]
SOrt-ITEMS	基于同源序列的宏基因组序列分类预测改进算法	http://metagenomics.atc.tcs.com/binning/SOrt-ITEMS	[38]
PHYLOSHOP	预测宏基因组中 16S rRNA 基因片段，对这些序列进行物种分类并将分类结果可视化	https://omics.informatics.indiana.edu/mg/phyloshop/	[39]
UniFrac	基于进化关系信息，计算样本间距离并进行微生物群体间比较	http://bmf.colorado.edu/unifrac	[40]
PhyloPythia	系统发育工具，可提供有关未识别的土壤微生物的一般进化分支的准确和有用的信息		[41]
MG-RAST	宏基因组学数据集的高性能计算和分析的高通量流程	https://www.mg-rast.org/	[42]
CAMERA	丰富、独特的数据库和生物信息学工具集，用于宏基因组数据处理	http://camera.calit2.net/	[43]
IBDsite	支持炎症性肠病高通量数据分析的整合数据库	https://www.itb.cnr.it/ibd/	[44]

根据分析对象和适用范围，目前流行的常用数据分析方法和软件可以归为以下几类。

2.4.1 扩增子分析软件

图 2.3 是过去 10 年微生物组领域重要软件和算法的发展历程[45]。扩增子分析是微生物组领域应用最广泛的技术，可以快速确定研究对象的微生物多样性[45]，其常用软件包括 Mothur[46]、QIIME[15]和 USEARCH[19]。

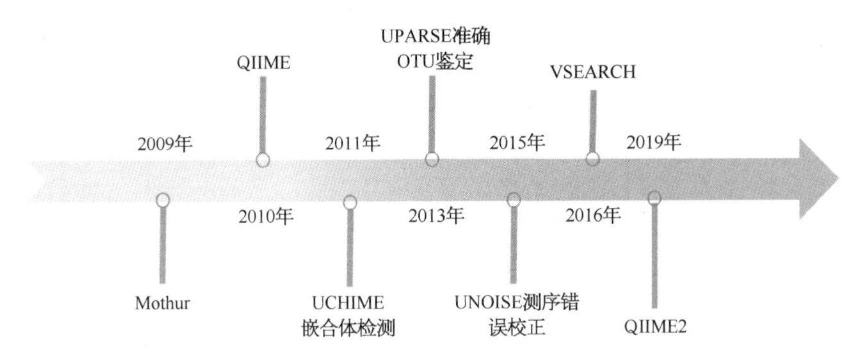

图 2.3　微生物组研究中重要软件和算法发展历程

微生物分析软件和工具不断发展，逐渐实现了各项功能分析的一体化。QIIME2 是目前扩增子分析应用最广泛的软件。

Mothur：2009 年发布，是首个扩增子分析流程软件[46]。通过集成 DOTUR（操作分类单元定义软件）、SONS（操作分类单元差异比较）等可用工具，完成了第一个比较完整的分析流程，为研究人员进行扩增子分析提供了可能。

QIIME：2010 年发布了 QIIME 分析流程[15]，有 Linux 和 Mac 系统版本，与 Mothur 相比优势更加明显：集成了 200 多个相关的软件和包，每一步可选择的软件和方法增多；提供 150 多个脚本，可以对不同类型的数据和实验设计实现个性化分析；开放度高，易于集成新的软件和方法[45]。

USEARCH-based：在上面 2 个较为完整的扩增子分析流程中还有很多问题没有得到很好的解决。Robert Edgar 基于高速序列比对软件 USEARCH[19]、嵌合检测软件 UCHIME、操作分类单元代表序列识别算法 UPARSE 和测序数据错误过滤和去噪算法 UNOISE 等，将 USEARCH 演变为一个完整的扩增子分析流程，具有跨平台、体系小、无依赖关系和易安装的特点，软件分析速度快，使用方便，可有效降低学习成本。

2.4.2 宏基因组分析软件

宏基因组测序相较于扩增子测序不仅可以获得更准确的物种组成，还可以获得相应的功能信息[17]。基于参考数据库比较的快速宏基因组物种和功能成分量化是在许多研究中常用的方法，序列物种分类软件 MetaPhlAn2[23]、Kraken2[24]和功能成分量化的 HUMAnN2[25]都是基于该策略开发的。然而，缺乏高质量宏基因组参考数据库的领域则需要从头拼接宏基因组数据和基因预测，常用的宏基因组拼接软件有 MEGAHIT[26]、metaSPAdes[27]、Prokka[30]等。在多个样本或批次的宏基因组数据组合分析中，通常需要用 CD-HIT[31]构建一个非冗余基因集，以实现基于统一参考序列的所有样本的定量和比较。CAZy 碳水化合物基因数据库[47]、CARD 抗生素耐药基因综合数据库[8]、VFDB 毒力因子数据库[48]是应用广泛的蛋白质功能注释数据库，将获得的基因集与之比对，可以为生物学研究提供更多的视角。

宏基因组测序数据除了用于研究物种和功能组成外，还可以用分箱(binning)方法组装出单个细菌的基因组。常用的分箱工具包括 MetaBAT 2[49]、MaxBin 2[50]和 CONCOCT[51]等，但结果差别较大。metaWRAP[33]和 DAS_Tool[34]整合了 3～5 款分箱工具的结果，进一步筛选和综合利用，获得更高质量的单菌基因组，同时提供分箱的定量、注释等一系列常用分析功能，分箱工具选择难、结果差异大的问题得以解决[17]。

2.4.3 统计和可视化工具

基于上面的扩增子和宏基因组分析得到包含物种或功能组成的表即特征表(feature table)，是二代测序数据分析结果中常见的格式[17]。R 包、图形界面、命令行或 Web 版本工具，可以在下游分析中转换和呈现数据。Bioconductor 网站用于生物数据分析的 R 包集合已达数千个，例如计数型数据可选基于负二项分布模型的差异统计 R 包 edgeR[52]，组成型数据差异分析可选 limma[53]。LEfSe[54]可寻找特征向量，其原理是基于线性判别分析，结果可用柱状图或基于 GraPhlAn 绘制的进化分支图(cladogram)展示方式。STAMP[55]可以实现主成分分析、多种统计方法进行两组或多组差异比较。

2.5 微生物组数据整合中的批次效应

在生信分析过程中，尤其是转录组分析中，经常会遇到数据不足的情况，需要利用公共数据库中已有的数据作为补充。但是，不同平台、不同时期，或者同一类样本但是来自不同的实验室、采用不同的分析方法等都可能产生批次效应(batch effect)[56]。举例来说,在一项研究中通常有可能整合了来自多项研究的多种疾病样本,其目的是分析不同疾病之间的差异。但是,由于样本实验室采用的分析平台和分析方法不同,样本本身就存在差异。这种差异并非疾病差异带来的,而是与样本获取平台和获取过程有关,并会对实验结果产生干扰,这就是所谓的批次效应。在实际应用中,如果不重视批次效应的影响而将数据贸然混合,很可能会导致整个实验分析结果的错误。

批次效应的存在对实验结果会造成较大的影响,有时候甚至会得到相反的结果。2014 年,在生信领域有着较高影响力的 Michael P Snyder 等[57]对人和小鼠不同组织和器官中表达谱的异同进行了比较。该研究选取人和小鼠的大脑、心脏、肺、肾脏、肠、卵巢等多个组织和器官进行研究,结果表明小鼠脑与肾脏的相似性大于小鼠脑与人脑的相似性。换句话说,不同物种之间组织特异表达的基因是一致的,但很多基因在同一物种不同组织的表达相似度大于它们在不同物种同一组织的表达相似度。此结论的得出对于我们常规的认识无疑是一个很大的冲击。在此工作发表之后,Gilad 等[58]就该工作研究目的设计和分析的合理性进行了讨论,发现此研究的数据除了有来自人还是小鼠的影响之外,数据源于 5 个不同的批次,而且对于其中的 4 个批次数据都只包含人或者小鼠其中一类数据。Gilad 首先对文章的原始数据进行了重现操作,得到的结果和原文章一致,都表现为不同物种同一个器官之间基因表达的相似性高于同一物种内不同器官或组织之间的相似性。之后,Gilad 使用 ComBat[59]软件先对原始数据进行校正以去除批次效应的影响,再进行后续的分析,得到和之前完全相反的结果,即表达谱按组织类型而非物种聚在一起[58]。这个批次效应引起实验结果偏差的著名例子,在两位作者的研究中[60]涉及了非常细节的逻辑,给所有对数据分析感兴趣的人员带来了很多启发。

所以,当拿到一组数据判断其是否受到批次效应的影响非常重要。目前已经开发了许多批次效应检测的方法,其中最简单的就是在获取数据时去记录变量,例如整合来自多项研究中的数据,各个研究就是一个变量,基于变量对数据进行聚类分析,就可以看出这些数据是否与分析变量有关,即是否存在不可忽略的批次效应。若结果表明存在批次效应,数据就不能简单地整合而是要采用相应的方法去校正批次效应以减少对后续分析的影响。在实验中一般采用如下方法:① 聚类判断其是否受到批次效应的影响。当研究数据来源于多实验平台或者项目时,需要根据数据的来源信息先对其进行聚类分析,以微生物组数据为例，每一列代表一个微生物，每一行代表一个样本，根据样本的来源信息对所有样本进行分组，若样本的聚类呈现出同一数据集样本聚类在一起，即存在明显的偏好性，通常认为数据受到批次效应较大的影响，后续在进行实验分析时需要提前对数据进行批次校正。② 通过主成分分析查看有无批次效应的影响，若数据按照数据集来源聚类在一起而非样本类型，证明数据来源对于数据的影响已经超过数据类型本身，即存在批次效应。③ 基于表达分布查看批次效应，通过样本整体表达分布查看有无批次影响。一般来说，不同来源的样本一般是各自进行标准化，在构建大数据集将样本合并在一起后，可以简单地从整体表达分布来查看是否存在明显的偏移。若存在明显的偏移，则提示有批次效应存在。④ 选取部分基因集根据其表达的变化判断有无批次效应影响，对于不同来源的数据合并之后会进行总的标准化，若标准化效果较好，整体标准化之后样品整体表达分布也会是均一的，但从中随机抽取数百个基因可以看到其表达是否受到批次的影响。

目前去除批次效应的方法很多，其效果差别也较大。早期的研究中应用较多的方法包括平均中心方法[61]、Z-score 方法[62]、基于比值的方法[63]、距离加权判别法[64]、ComBat 方法[59]、基于奇异值分解方法[59]、替代变量分析法(substitution variable analysis，SVA)[65]等。有研究从精确性、准确性和整体性方面对去除批次效应的不同方法进行了评估，结果表明 ComBat 方法优于其他方法，批次效应去除效果最好[63]。

2.5.1 平均中心方法[61]

平均中心方法是将所测量得到的基因表达量减去样品中每个基因的均值来实现数据的标准化。不同批次的基因表达值数据通过中心标准化调整，使样品中每个基因表达值的平均值变为 0。该方法对基因表达数据进行了简单的统一处理，并不会改变原始数据内部的一致性，可用于处理简单的批次效应问题[61]。

2.5.2 Z-score 方法[62]

Z-score 标准化是用个体观测值减去总体均值，再除以总体的标准差。经过标准化之后可以将不同的数据转换到相同的量级。不同批次的基因表达值数据通过 Z-score 标准化调整，使每个基因表达值的均值变为 0，标准差变为 1。该方法也只能实现数据的简单处理，做较为简单的去除批次效应[62]。

2.5.3 基于比值的方法[63]

基于比值的方法是通过减去每个批次中参考样本的均值来调整不同批次的差异,如果每个批次有多个参考样品,则使用参考样品的几何平均值或算术平均值为参考。该方法具有一定的优越性,但是对每个批次都需要有参考样本的存在[63]。

2.5.4 距离加权判别法[64]

距离加权判别法是基于支持向量机(support vector machine, SVM)算法进行判别,是将高维低样本量数据进行二分类的方法。将其用到批次效应的校正上,是将每一个批次数据视为一个分类,通过不断计算寻找2个批次之间的最优平面实现不同批次样本的分离。该方法由于每一次只能实现2个批次样本的校正,只适用于数据批次较少的小样本数据,对于大样本并不适用[64]。

2.5.5 ComBat方法[59]

ComBat是根据估计参数的先验分布,对每个基因独立估算每个批次的均值和方差并进行调整。该方法基于经验贝叶斯方法去除批量效应,一般来说更适用于小样本数据[59]。

2.5.6 基于奇异值分解方法[59]

基于奇异值分解(singular value decomposition, SVD)是通过去除与批次效应相关的特征值来去除批次效应。其基本过程是将基因表达值矩阵输入后进行矩阵分解,去除与批次效应相关的因子后需要对矩阵进行重构[59]。

2.5.7 替代变量分析法[65]

替代变量分析法去除批次效应主要是以下流程:先移除主要变量的贡献获得残差表达矩阵,然后对残差表达矩阵进行分解,通过残基表达矩阵上的基因与潜在因子之间关联的显著性识别出引起表达变异的基因表达子集,并对子集根据原始表达数据中该子集的批次效应信号构建一个替代变量,最后再重新构建删除批次效应的数据集。替代变量分析法适用于批次分组未知的情况,但是容易错误剔除与感兴趣的生物变量相关的因子。

2.6 微生物数据分析流程

随着高通量测序技术的发展，微生物组分析方法也不断涌现，例如扩增子、宏基因组、宏转录组等，技术的发展进一步推动了该领域的进步[66]。目前，微生物研究从样本类型可以分为3类[图2.4(a)]。① 微生物组层面：在这一层面上培养组学(culturome)是最重要的研究手段，在人类、拟南芥、水稻等物种中都已有应用和报道。② DNA层面：为了获得DNA的序列信息，扩增子、宏基因组和宏病毒组等测序方法相继问世，其中，扩增子测序可以获得研究对象的物种组成信息，宏基因组测序还可以进一步研究物种所携带的功能基因。③ mRNA层面：对微生物组样本提取RNA进行宏转录组(metatranscriptome)测序，基于基因表达谱可以进一步揭示微生物群落原位功能[17]。

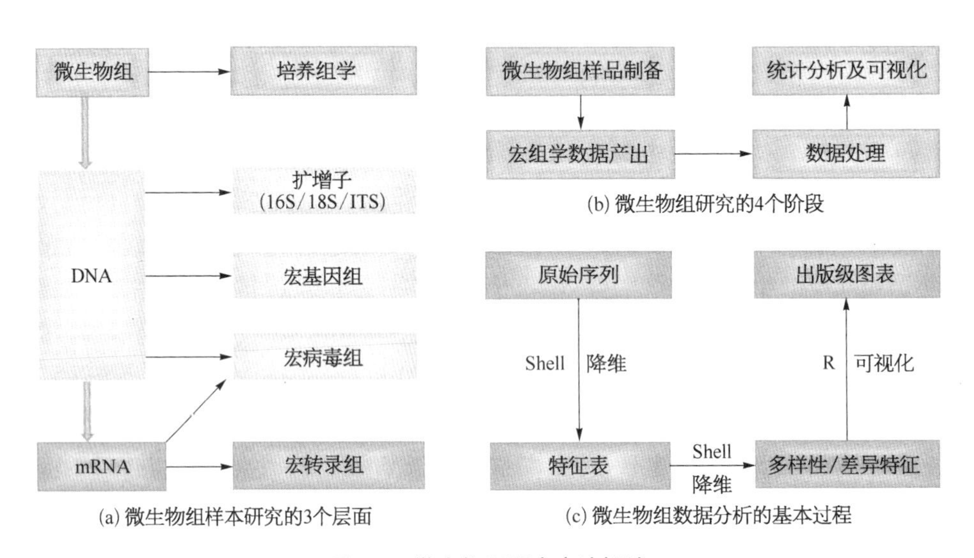

图2.4 微生物组研究方法概述

微生物组研究主要分为4个阶段[图2.4(b)]。① 微生物组样品制备：根据研究目标进行科学实验设计，基于实验设计去采集研究对象的微生物组样本，提取DNA或RNA。② 宏组学数据产出：对样品DNA或RNA构建测序文库、进行高通量测序来获得宏组学数据。③ 数据处理(质控定量)：获得微生物组数据后，首先要进行质量控制，包括去除测序和建库过程中人为添加的引物、接头以及测序过程中产生的低质量序列等。同时应该考虑样本中可能含有大量宿主序列，可以通过与宿主基因组比对的方式去除来得到纯净序列。将纯净序列与参考数据库比对或从头(De novo)组装完成序列注释，定量为特征表。④ 统计分析和可视化：得到的特征表可以结合元数据以及分析目标进行统计分析，以可读性高的方式来分析其中所包含的生物学规律[17]。微生物组数据分析的基本过程一般是指从得到原始微生物组数据，到得到高可读性的图表[图 2.4(c)]。其中，在微生物组数据分析的全过程，降维和可视化是大数据分析的核心指导思想，即把数据降维至可读的数量，通过可视化分析方便同领域研究者阅读、思考和传播。

2.6.1　16S 扩增子数据分析流程

16S rDNA 扩增子测序技术及宏基因组测序都是研究微生物的重要方法，一般基于研究目的来选择合适的分析手段。16S rDNA 基因存在于所有细菌的基因组中，具有高度的保守性。该序列包含 9 个高变区和 10 个保守区，通过对某一段高变区序列(V4 区或 V3 - V4 区)进行 PCR 扩增后进行测序，得到 1 500 bp 左右的序列。但是 16S 测序一般只能鉴定到属水平，主要研究群落的物种组成、物种间的进化关系以及群落的多样性。下面详细介绍 16S 扩增子数据分析的基本流程。

1. 质控、实验设计、双端序列合并

对于扩增子测序数据，测序公司完成测序后一般会生成原始数据(raw data)和纯净数据(clean data)。纯净数据是指去除含有接头序列及测序不确定比例较高的结果，质量评估及后续分析通常都是用纯净数据进行。对于得到的数据可以用 FastQC 进行质量评估，但是一般测序公司会附带有评估报告。

QIIME 是扩增子数据分析常用软件。首先，根据其官网上的 mappingfile.txt 文件格式写实验设计，书写完成之后用 QIIME 检验文件格式是否正确。双端序列合并是数据处理的第一步，即根据两端序列末端的互补配对将其合并为扩增区域的序列，同时重叠区的质量也需要校正，以保留最高测序质量的碱基结果。

2. 提取条形码、样品拆分及质控、切除扩增引物

提取条形码(barcode)：条形码位于引物的外侧，比较典型的有左端、右端

和双端3种，其中最常用的条形码位于左端（正向引物上游）（图2.5）。QIIME中的“extract_barcodes.py”脚本用于切除条形码，支持所有类型，在这一步要调整所有序列为正向。

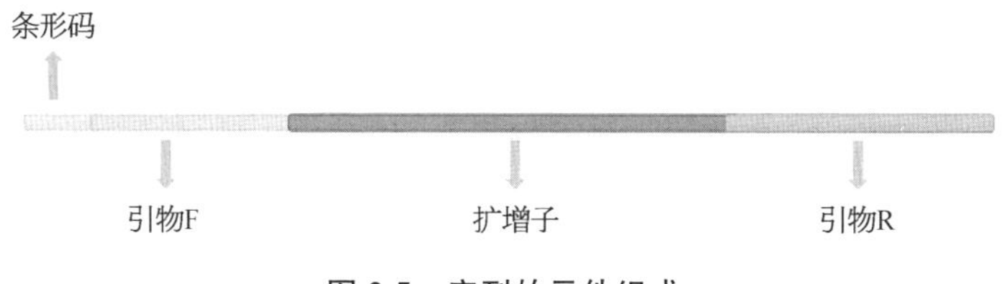

图2.5 序列的元件组成

条形码样品标签，用于混池测序后区分序列来自哪个样本；引物是在16S/ITS/18S保守区设计的引物，用于扩增rDNA的部分高变区；扩增子是扩增的部分rDNA。

样品拆分及质控：完成序列方向调整和条形码切除后，使用“split_libraries_fastq.py”脚本对混池根据条形码拆分样品，同时筛选高质量序列进行下游分析。

切除引物序列：切除引物常用软件是cutadapt[67]。

3. 去冗余、聚类生成操作分类单元表

去冗余：扩增子测序结果的重复率高，统计意义不大。得到原始数据之后需要去冗余以减少下游分析的工作量。一般来说，可以将数百万个序列过滤至数万个。

聚类操作分类单元：去冗余之后的唯一序列还远远高于物种数量。这是由于扩增的物种可能存在rDNA的多拷贝且存在变异而得到来自同一物种的多条序列扩增结果。目前，将相似度达97%以上的序列定义为一个操作分类单元，大约是物种分类学中种的水平。实际上一个操作分类单元可能包括多个物种，而一个物种也可能扩增出多个操作分类单元。使用Usearch进行聚类分析，得到操作分类单元表。

4. 去嵌合体，生成代表性序列和操作分类单元表

去嵌合体：嵌合体是在PCR反应中，在延伸阶段由于不完全延伸而生成的，如图2.6所示。在PCR过程中，大概有1%的概率会出现嵌合体序列，但是在16S/18S/ITS扩增子测序的分析中，系统相似度极高，嵌合体可达1%～

20%。对于嵌合体的去除一般是基于数据库进行的，常用数据库有 Sliva 和 Unite。另外，还需要去除非细菌序列以避免假阳性。

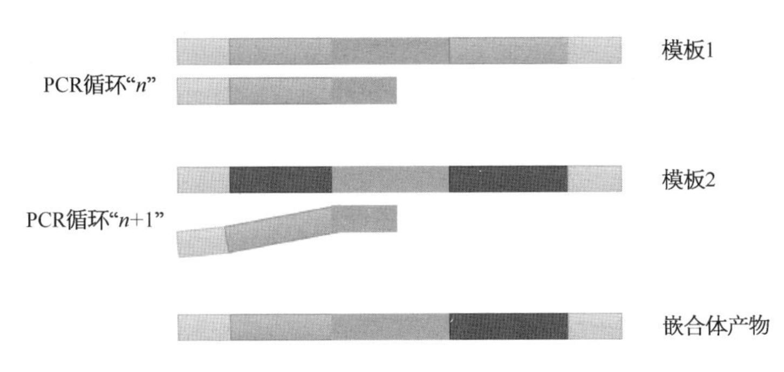

图 2.6　嵌合体的形成过程

在 PCR 扩增时，由于 DNA 片段的延伸不完全而形成嵌合体。

5. 操作分类单元物种注释

物种注释：基于前面处理所得的代表性序列信息，与下载的 greengene 参考序列和物种注释信息，采用 rdp 方法进行注释，获取物种信息是扩增子数据处理的关键一步。

操作分类单元表处理：操作分类单元表一般要转化为 Biom 格式进行数据统计，Biom 是 The Biological Observation Matrix 的缩写，即生物观测矩阵，是一种通用格式，用于生物学样品对应观测值的表格。

6. 进化树、α 多样性、β 多样性

基于多序列比对构建进化树可以展示丰富的信息，另外，通过计算 α 多样性获得样品内物种组成，及 β 多样性比较样品间物种组成，以此来分析微生物群落结构。

2.6.2　宏基因组数据分析流程

不同于 16S 扩增子测序技术，宏基因组测序则是将微生物基因组 DNA 随机打断成 500 bp 的小片段，然后在片段两端加入通用引物进行 PCR 扩增测序，再通过组装的方式，将小片段拼接成较长的序列。在物种鉴定的深度上，宏基因组测序具有较高的优势，一般可以鉴定到物种水平，有时甚至可以鉴定到菌株水平。宏基因组测序在 16S 测序分析的基础上还可以进行基因和功能层面的深入研究(GO、Pathway 等)。下面具体阐述宏基因组分析的基本流程。

1. 原始数据解析

目前宏基因组测序主要采用的是二代测序技术，所获得的原始数据为 fastq 格式，包含双末端测序所得的正向和反向 2 个文件(通常用“1”和“2”来区分)。对于所获得的原始数据可以使用 FastQC 对其测序质量进行可视化，得到质检报告。

2. 质控

二代测序的质控包括切除尾端碱基质量小于指定值(一般为 20)的碱基、去除末端修剪后长度小于指定值的读长(read)等。Trimmomatic[21]是一个便捷好用的 Illumina 测序数据质控工具。

3. 数据筛选去除宿主序列

在数据分析时，需要根据样本来源和分析目标的不同过滤可能会造成干扰的序列。例如研究目标是肠道微生物时就需要去除人的基因组序列。数据过滤一般是将质控后的序列和人类基因组序列进行比对，将比对上的序列去除，常用软件有 BWA[68]、Bowtie[22]、BBMap[69]等。

4. 宏基因组组装

将短序列组装为 contig，目前常用的高通量测序组装软件有 Velvet[70]、SOAPdenovo[27]、Spades[71]、IDBA[72]、Megahit[26]等，Velvet、Spades 一般用于组装原核生物基因组，SOAPdenovo 用于组装大型基因组或者多文库，组装宏基因组时用 IDBA、Spades、SOAPdenovo 均可。

5. 基因预测

基因预测是指根据已知生物的基因结构(基因序列在基因组上的一维结构)信息或数据库序列来识别组装的基因组序列中所包含的基因功能区域。编码基因预测就是识别基因组序列上所包含的蛋白质编码区域(coding sequence, CDS)，通过在基因组序列上寻找开放阅读框(open reading frame, ORF)实现。基因预测可以分为基于序列相似性的搜索和基于模式序列特征的从头预测。原核生物基因预测软件常用的有 GeneMark[73]、Prodigal[74]等，真核生物基因预测软件有 GENSCAN[75]、Augustus[74]、GlimmerHMM[75]等。

6. 未组装的宏基因组群落分析

MetaPhlAn[76]是宏基因组分析微生物群落物种(细菌、古菌、真核生物和病毒)组成的常用软件，使用简单一条命令即可获得微生物的物种丰富度信息，最新的版本是 MetaPhlAn2。

16S 扩增子测序分析和宏基因组学数据分析在原理和分析流程上虽然有非常大的区别，但是在微生物组学研究中都有着非常重要的地位。在许多微生物组学研究中，如果将 16S 测序和宏基因组测序 2 种技术手段较好地结合起来，可以更高效、更准确地研究微生物群落组成结构、多样性以及功能情况。

小结

高通量测序技术快速发展，使得生命科学研究获得了强大的数据产出能力，包括基因组学、转录组学、蛋白质组学、代谢组学、微生物组学等生物学数据。微生物组学研究是当今的热点方向之一。从数据特征来看，微生物组学具备大数据的数据量大、数据多样化、价值高、需要高速处理等特点。将微生物组大数据与大数据技术和机器学习技术相结合可以进行数据的深入挖掘，并将所挖掘的有效信息直接服务于临床诊断、预测和潜在治疗方案的提出，具有明显的临床价值和意义。

近年来，随着微生物研究的发展，相关数据库、分析方法和软件愈发完善，进一步推动了微生物组学研究的深入。然而，在生物医学研究中对于处理结果准确性和处理速度均有较高要求，相关源数据来源多变且具有较大的异质性，所以微生物组学发展依旧受到很多限制。另外，多来源、异质性、大规模地提取生物大数据依然成本高昂，数据处理需要复杂的信息提取计算也限制了数据的深入挖掘。因此，微生物组大数据的分析挖掘方法开发领域目前还处于快速进步和完善的阶段，需要进一步结合微生物组数据特点不断开发和优化新方法，以挖掘微生物组中的潜在有用信息。

参考文献

[1] 蒋兴鹏，胡小华.微生物组学的大数据研究.数学建模及其应用，2015，4(3)：6－18，81.
[2] 刘敏捷，王掌权.大数据背景下广播发展探究.内蒙古科技与经济，2018(4)：76－77.

[3] Krassowski M, Das V, Sahu S K, et al. State of the field in multi-omics research: from computational needs to data mining and sharing. Front Genet, 2020, 11: 610798.

[4] Angermueller C, Pärnamaa T, Parts L, et al. Deep learning for computational biology. Mol Syst Biol, 2016, 12(7): 878.

[5] Mitchell A L, Almeida A, Beracochea M, et al. MGnify: the microbiome analysis resource in 2020. Nucleic Acids Res, 2019, 48(D1): D570 - D578.

[6] Quast C, Pruesse E, Yilmaz P, et al. The SILVA ribosomal RNA gene database project: improved data processing and web-based tools. Nucleic Acids Res, 2013, 41(D1): D590 - D596.

[7] Gonzalez A, Navas-Molina J A, Kosciolek T, et al. Qiita: rapid, web-enabled microbiome meta-analysis. Nat Methods, 2018, 15(10): 796 - 798.

[8] Alcock B P, Raphenya A R, Lau T T Y, et al. CARD 2020: antibiotic resistome surveillance with the comprehensive antibiotic resistance database. Nucleic Acids Res, 2020, 48(D1): D517 - D525.

[9] Blin K, Shaw S, Steinke K, et al. antiSMASH 5.0: updates to the secondary metabolite genome mining pipeline. Nucleic Acids Res, 2019, 47(W1): W81 - W87.

[10] Ichikawa N, Sasagawa M, Yamamoto M, et al. DoBISCUIT: a database of secondary metabolite biosynthetic gene clusters. Nucleic Acids Res, 2013, 41(D): D408 - D414.

[11] DeSantis T Z, Hugenholtz P, Larsen N, et al. Greengenes, a chimera-checked 16S rRNA gene database and workbench compatible with ARB. Appl Environ Microbiol, 2006, 72(7): 5069 - 5072.

[12] Ziemert N, Podell S, Penn K, et al. The natural product domain seeker NaPDoS: a phylogeny based bioinformatic tool to classify secondary metabolite gene diversity. PLoS One, 2012, 7(3): e34064.

[13] Palaniappan K, Chen I-M A, Chu K, et al. IMG-ABC v.5.0: an update to the IMG/Atlas of Biosynthetic Gene Clusters Knowledgebase. Nucleic Acids Res, 2019, 48(D1): D422 - D430.

[14] Conway K R, Boddy C N. ClusterMine360: a database of microbial PKS/NRPS biosynthesis. Nucleic Acids Res, 2012, 41(D1): D402 - D407.

[15] Caporaso J G, Kuczynski J, Stombaugh J, et al. QIIME allows analysis of high-throughput community sequencing data. Nature Methods, 2010, 7(5): 335 - 336.

[16] Keegan K P, Glass E M, Meyer F. MG-RAST, a metagenomics service for analysis of microbial community structure and function. Methods Mol Biol, 2016, 1399: 207 - 233.

[17] 刘永鑫,秦媛,郭晓璇,等.微生物组数据分析方法与应用.遗传,2019,41(9): 845 - 862.

[18] Bolyen E, Rideout J R, Dillon M R, et al. Reproducible, interactive, scalable and extensible microbiome data science using QIIME 2. Nat Biotechnol, 2019, 37(8): 852 - 857.

[19] Edgar R C. Search and clustering orders of magnitude faster than BLAST. Bioinformatics, 2010, 26(19): 2460 - 2461.
[20] Rognes T, Flouri T, Nichols B, et al. VSEARCH: a versatile open source tool for metagenomics. PeerJ, 2016, 4: e2584.
[21] Bolger A M, Lohse M, Usadel B. Trimmomatic: a flexible trimmer for Illumina sequence data. Bioinformatics, 2014, 30(15): 2114 - 2120.
[22] Langmead B, Salzberg S L. Fast gapped-read alignment with Bowtie 2. Nat Methods, 2012, 9(4): 357 - 359.
[23] Truong D T, Franzosa E A, Tickle T L, et al. MetaPhlAn2 for enhanced metagenomic taxonomic profiling. Nat Methods, 2015, 12(10): 902 - 903.
[24] Wood D E, Salzberg S L. Kraken: ultrafast metagenomic sequence classification using exact alignments. Genome Biol, 2014, 15(3): R46.
[25] Franzosa E A, Mciver L J, Rahnavard G, et al. Species-level functional profiling of metagenomes and metatranscriptomes. Nat Methods, 2018, 15(11): 962 - 968.
[26] Li D H, Liu C M, Luo R B, et al. MEGAHIT: an ultra-fast single-node solution for large and complex metagenomics assembly via succinct de Bruijn graph. Bioinformatics, 2015, 31(10): 1674 - 1676.
[27] Nurk S, Meleshko D, Korobeynikov A, et al. metaSPAdes: a new versatile metagenomic assembler. Genome Res, 2017, 27(5): 824 - 834.
[28] Mikheenko A, Saveliev V, Gurevich A. MetaQUAST: evaluation of metagenome assemblies. Bioinformatics, 2016, 32(7): 1088 - 1090.
[29] Zhu W H, Lomsadze A, Borodovsky M. Ab initio gene identification in metagenomic sequences. Nucleic Acids Res, 2010, 38(12): e132.
[30] Seemann T. Prokka: rapid prokaryotic genome annotation. Bioinformatics, 2014, 30(14): 2068 - 2069.
[31] Fu L M, Niu B F, Zhu Z W, et al. CD-HIT: accelerated for clustering the next-generation sequencing data. Bioinformatics, 2012, 28(23): 3150 - 3152.
[32] Patro R, Duggal G, Love M I, et al. Salmon provides fast and bias-aware quantification of transcript expression. Nat Methods, 2017, 14(4): 417 - 419.
[33] Uritskiy G V, Diruggiero J, Taylor J. MetaWRAP — a flexible pipeline for genome-resolved metagenomic data analysis. Microbiome, 2018, 6(1): 158.
[34] Sieber C M K, Probst A J, Sharrar A, et al. Recovery of genomes from metagenomes via a dereplication, aggregation and scoring strategy. Nat Microbiol, 2018, 3(7): 836 - 843.
[35] Kultima J R, Coelho L P, Forslund K, et al. MOCAT2: a metagenomic assembly, annotation and profiling framework. Bioinformatics, 2016, 32(16): 2520 - 2523.
[36] Langille M G I, Zaneveld J, Caporaso J G, et al. Predictive functional profiling of microbial communities using 16S rRNA marker gene sequences. Nat Biotechnol, 2013, 31(9): 814 - 821.

[37] Blin K, Pascal andreu V, de Los santos E L c, et al. The antiSMASH database version 2: a comprehensive resource on secondary metabolite biosynthetic gene clusters. Nucleic Acids Res, 2018, 47(D1): D625 - D630.

[38] Monzoorul Haque M, Ghosh T S, Komanduri D, et al. SOrt-ITEMS: sequence orthology based approach for improved taxonomic estimation of metagenomic sequences. Bioinformatics, 2009, 25(14): 1722 - 1730.

[39] Shah N, Tang H X, Doak T G, et al. Comparing bacterial communities inferred from 16S rRNA gene sequencing and shotgun metagenomics. Pac Symp Biocomput, 2011, 2011: 165 - 176.

[40] Lozupone C, Knight R. UniFrac: a new phylogenetic method for comparing microbial communities. Appl Environ Microbiol, 2005, 71(12): 8228 - 8235.

[41] McHardy A C, Martín H G, Tsirigos A, et al. Accurate phylogenetic classification of variable-length DNA fragments. Nat Methods, 2007, 4(1): 63 - 72.

[42] Meyer F, Paarmann D, D'Souza M, et al. The metagenomics RAST server — a public resource for the automatic phylogenetic and functional analysis of metagenomes. BMC Bioinformatics, 2008, 9(1): 386.

[43] Seshadri R, Kravitz S A, Smarr L, et al. CAMERA: a community resource for metagenomics. PLoS Biol, 2007, 5(3): e75.

[44] Merelli I, Viti F, Milanesi L. IBDsite: a Galaxy-interacting, integrative database for supporting inflammatory bowel disease high throughput data analysis. BMC Bioinformatics, 2012, 13 (Suppl 14): S5.

[45] Liu Y X, Qin Y, Chen T, et al. A practical guide to amplicon and metagenomic analysis of microbiome data. Protein Cell, 2020, 12(5): 315 - 330.

[46] Schloss P D, Westcott S L, Ryabin T, et al. Introducing mothur: open-source, platform-independent, community-supported software for describing and comparing microbial communities. Appl Environ Microbiol, 2009, 75(23): 7537 - 7541.

[47] Carbohydrate-active enzymes database. (2023 - 01 - 06) [2023 - 03 - 16]. http://www.cazy.org/. 1998.

[48] Liu B, Zheng D D, Zhou S Y, et al. VFDB 2022: a general classification scheme for bacterial virulence factors. Nucleic Acids Res, 2021, 50(D1): D912 - D917.

[49] Kang D D, Li F, Kirton E, et al. MetaBAT 2: an adaptive binning algorithm for robust and efficient genome reconstruction from metagenome assemblies. PeerJ, 2019, 7: e7359.

[50] Sahoo D, Swanson L, Sayed I M, et al. Artificial intelligence guided discovery of a barrier-protective therapy in inflammatory bowel disease. Nat Commun, 2021, 12(1): 4246.

[51] Lu Y Y, Chen T, Fuhrman J A, et al. COCACOLA: binning metagenomic contigs using sequence composition, read coverage, co-alignment and paired-end read linkage. Bioinformatics, 2017, 33(6): 791 - 798.

[52] Robinson M D, Mccarthy D J, Smyth G K. edgeR: a Bioconductor package for differential expression analysis of digital gene expression data. Bioinformatics, 2010, 26(1): 139 - 140.

[53] Ritchie M E, Phipson B, Wu D, et al. limma powers differential expression analyses for RNA-sequencing and microarray studies. Nucleic Acids Res, 2015, 43(7): e47.

[54] Segata N, Izard J, Waldron L, et al. Metagenomic biomarker discovery and explanation. Genome Biol, 2011, 12(6): R60.

[55] Parks D H, Tyson G W, Hugenholtz P, et al. STAMP: statistical analysis of taxonomic and functional profiles. Bioinformatics, 2014, 30(21): 3123 - 3124.

[56] Leek J T, Scharpf R B, Bravo H C, et al. Tackling the widespread and critical impact of batch effects in high-throughput data. Nat Rev Genet, 2010, 11(10): 733 - 739.

[57] Lin S, Lin Y, Nery J R, et al. Comparison of the transcriptional landscapes between human and mouse tissues. Proc Nat Acad Sci USA, 2014, 111(48): 17224 - 17229.

[58] Gilad Y, Mizrahi-Man O. A reanalysis of mouse ENCODE comparative gene expression data. F1000Res, 2015, 4: 121.

[59] Luo J, Schumacher M, Scherer A, et al. A comparison of batch effect removal methods for enhancement of prediction performance using MAQC-II microarray gene expression data. Pharmacogenomics J, 2010, 10(4): 278 - 291.

[60] Stein C K, Qu P P, Epstein J, et al. Removing batch effects from purified plasma cell gene expression microarrays with modified ComBat. BMC Bioinformatics, 2015, 16: 63.

[61] Chen C, Grennan K, Badner J, et al. Removing batch effects in analysis of expression microarray data: an evaluation of six batch adjustment methods. PLoS One, 2011, 6 (2): e17238.

[62] Benito M, Parker J, Du Q, et al. Adjustment of systematic microarray data biases. Bioinformatics, 2004, 20(1): 105 - 114.

[63] Müller C, Schillert A, Röthemeier C, et al. Removing batch effects from longitudinal gene expression — quantile normalization plus ComBat as best approach for microarray transcriptome data. PLoS One, 2016, 11(6): e0156594.

[64] Leek J T, Storey J D. Capturing heterogeneity in gene expression studies by surrogate variable analysis. PLoS Genet, 2007, 3(9): 1724 - 1735.

[65] Martin M. Cutadapt removes adapter sequences from high-throughput sequencing reads. EMBnet J, 2011, 17(1): 10 - 12.

[66] Li H, Durbin R. Fast and accurate short read alignment with Burrows-Wheeler transform. Bioinformatics, 2009, 25(14): 1754 - 1760.

[67] Zheng K N, Makrogiannis S. Sparse representation using block decomposition for characterization of imaging patterns//Wu G, Munsell B C, Zhan Y, et al. Patch-Based Techniques in Medical Imaging. Cham: Springer International Publishing, 2017: 158 - 166.

[68] Zerbino D R, Birney E. Velvet: algorithms for *de novo* short read assembly using de Bruijn graphs. Genome Res, 2008, 18(5): 821 - 829.

[69] Bankevich A, Nurk S, Antipov D, et al. SPAdes: a new genome assembly algorithm and its applications to single-cell sequencing. J Comput Biol, 2012, 19(5): 455 - 477.

[70] Peng Y, Leung H C M, Yiu S M, et al. Meta-IDBA: a *de Novo* assembler for metagenomic data. Bioinformatics, 2011, 27(13): i94 - i101.

[71] Besemer J, Borodovsky M. GeneMark: web software for gene finding in prokaryotes, eukaryotes and viruses. Nucleic Acids Res, 2005, 33(W): W451 - W454.

[72] Hyatt D, Chen G L, Locascio P F, et al. Prodigal: prokaryotic gene recognition and translation initiation site identification. BMC Bioinformatics, 2010, 11: 119.

[73] Yao H, Guo L, Fu Y, et al. Evaluation of five *ab initio* gene prediction programs for the discovery of maize genes. Plant Mol Biol, 2005, 57(3): 445 - 460.

[74] Stanke M, Waack S. Gene prediction with a hidden Markov model and a new intron submodel. Bioinformatics, 2003, 19(Suppl 2): ii215 - ii225.

[75] Majoros W H, Pertea M, Salzberg S L. TigrScan and GlimmerHMM: two open source *ab initio* eukaryotic gene-finders. Bioinformatics, 2004, 20(16): 2878 - 2879.

[76] Truong D T, Franzosa E A, Tickle T L, et al. MetaPhlAn2 for enhanced metagenomic taxonomic profiling. Nat Methods, 2015, 12(10): 902 - 903.

第3章 微生物组大数据挖掘

微生物组大数据的挖掘,根据其研究对象主要可以分为微生物基因组、微生物转录组、微生物蛋白组、微生物单细胞组,以及微生物组相关的多种组学的整合与挖掘等方法;按其研究目的和方法,可以分为相关性、分类、回归、聚类等;按其研究方法,可以分为经典的机器学习,如随机森林和支持向量机,以及新兴的深度学习,如神经网络、迁移学习、强化学习、对比学习等。本章将从微生物组数据深度挖掘的背景出发,介绍微生物组大数据的机器学习、深度学习和强化学习知识,微生物组大数据挖掘的人工智能方法,以及在微生物组大数据挖掘方面存在的一些瓶颈问题等。

3.1 微生物组大数据挖掘概述

3.1.1 微生物组数据挖掘背景

随着高通量基因组学数据的指数级增长,生物学和医学研究进入了大数据时代[1],大数据时代与微生物科学相互促进共同发展。例如,人体肠道内有数千种细菌,编码数百万个基因,形成一个复杂的微生物生态系统,其稳定与平衡是人类健康的保障。深入研究人体微生物以及微生物与宿主的相互作用,可以更加全面地了解人体和微生物环境之间的信息交互,促进个性化医疗的发展。

近年来,生物数据集的规模与复杂性都大幅增长,微生物组数据与传统大数据一样具有数据量大、种类多、价值密度低、增长速度快等特点,所以大数据技术和机器学习技术对于微生物组学数据的整合和深入分析也非常适用。机器学习泛指用预测模型拟合数据或识别数据中的信息分组过程。当想要分析的数据集太大或太复杂而无法进行人工分析，或者当人们需要自动化数据分析的过程来建立可重复且省时的工作流程时，机器学习就很有用。微生物组数据的大幅增长为使用机器学习技术进行分析带来了机遇和挑战。机器学习等先进技术融入生物学研究有助于加速其数字化进程，然而要实现这一目标还需要克服很多障碍。第一，由于缺乏成熟的数据管理策略和方法，数据以各种凌乱的格式收集并存储在不同的位置，对机器学习训练准备数据和快速进行分析造成了重大障碍，这需要推进生物数据的管理标准，便于数据的准备和使用。第二，生物实验高昂的成本限制了实验规模，应对这一挑战的方法是使用模拟实验来增强生物实验，即将机器学习工作流程整合到生物研究中，使用机器学习模型来选择实验并合理地将实验数据提供给机器学习训练。

史蒂夫·乔布斯(Steve Jobs)曾经说过："那些疯狂到以为自己可以改变世界的人，才是真正做到了的人。"过去几十年，基因组测序技术、软件开发、机器学习都有着史诗级的进步，我们也期待机器学习驱动技术将成为生物学进步的下一个突破。

3.1.2 人工智能简介

人工智能(artificial intelligence, AI)是计算机科学的一个分支，主要研究开发用于模拟、延伸和扩展人的智能的理论、方法、技术及应用系统[2]。人工智能可以模仿人类大脑的方式对外部做出反应，旨在了解智能的实质。人工智能自诞生以来就引起了广泛关注，目前已将其应用于机器人、语言识别、图像识别、自然语言处理和专家系统等领域。随着理论和技术日益成熟，人工智能应用领域不断扩大[3]。未来利用人工智能所实现的科技产品，或许可以模拟人的意识、思维过程，实现人一样的思考甚至超过人。

人工智能是一个较为宽泛的概念，包括机器学习和深度学习(图 3.1)。深度学习可以通过多层神经元网络处理监督学习、无监督学习、强化学习这样的机器学习任务，在语音处理、图像处理、自然语言处理等方面也有广泛应用。深度学习与强化学习结合形成深度强化学习，AlphaGo 就是这一技术的成功应用。

1. 机器学习

机器学习是从数据中学习，用于预测及决策[4]。根据在学习时输入的数据集是否带有标签可以分为监督学习和无监督学习，监督学习是指将模型与

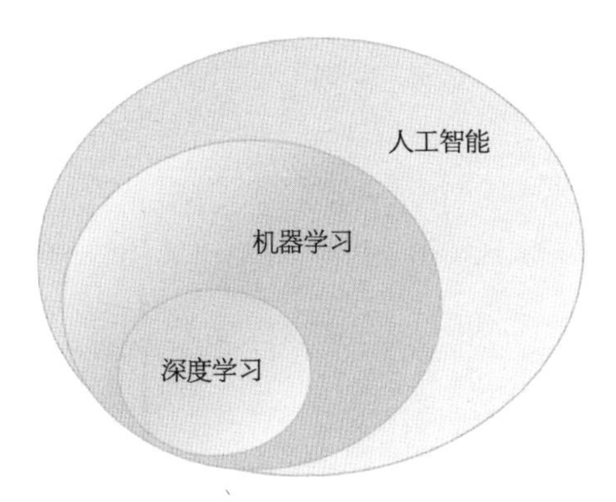

(a) 人工智能是一个宽泛的概念，包括机器学习和深度学习，深度学习又隶属于机器学习的一部分

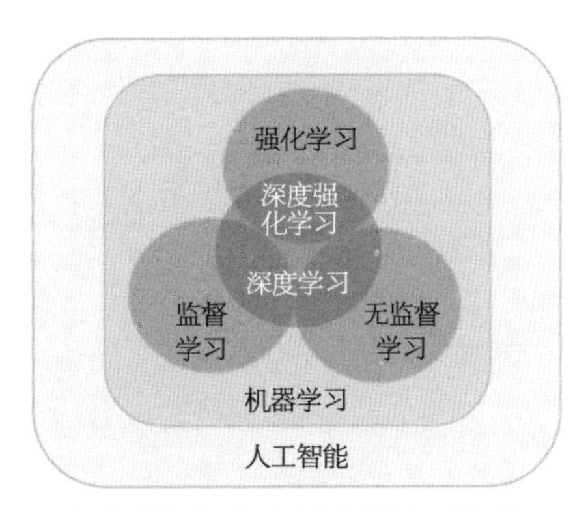

(b) 机器学习可以分为监督学习、无监督学习和强化学习

图 3.1　人工智能及机器学习的分类

已标记的数据(或数据子集)进行拟合——其中存在一些属性的真实值,通常由实验测量或人为分配,例如蛋白质二级结构的预测。无监督学习能够识别未标记数据中的模式,而无须以预定标签的形式向机器学习系统提供真实值,例如在基因表达研究中找到具有相似表达水平的患者子集或预测基因序列共变异的突变效应。

2. 强化学习

强化学习是机器学习的方法论之一,应用于智能体在环境交互过程中的学习策略以达到最大回报或实现特定目标[5]。强化学习考虑长远效果而非眼前利益。在每个时刻,智能获得当前状态,选择下一步动作,获得奖赏,转移到新的状态,其目标是最大化长期回报(图 3.2)。比如,在最短路径问题中,为了获得从起始点到终点的最短路径,在当前节点可能不选择最近的邻居节点;犹如在围棋比赛中为了最后赢棋,可能暂时丢掉一小块地。

基于强化学习的特点,在以下情形中强化学习更容易发挥作用: ① 有完美的或接近完美的模型,包括状态转移模型和奖赏函数模型,比如围棋中有明确的走子提子规则和输赢判定规则;② 有接近真实模型的仿真器;③ 有大量的训练数据。在实际应用中,如果一个问题可以构建状态、动作、奖赏这些强化学习的组成部分,或有完美的模型、足够好的仿真器、大量数据,那么强化学习可能会很有帮助,并提供解决方案。强化学习前景广阔,可能帮助自动化并优化手动设计的策略,目前已经在各个领域得到广泛应用(图 3.2)[6]。

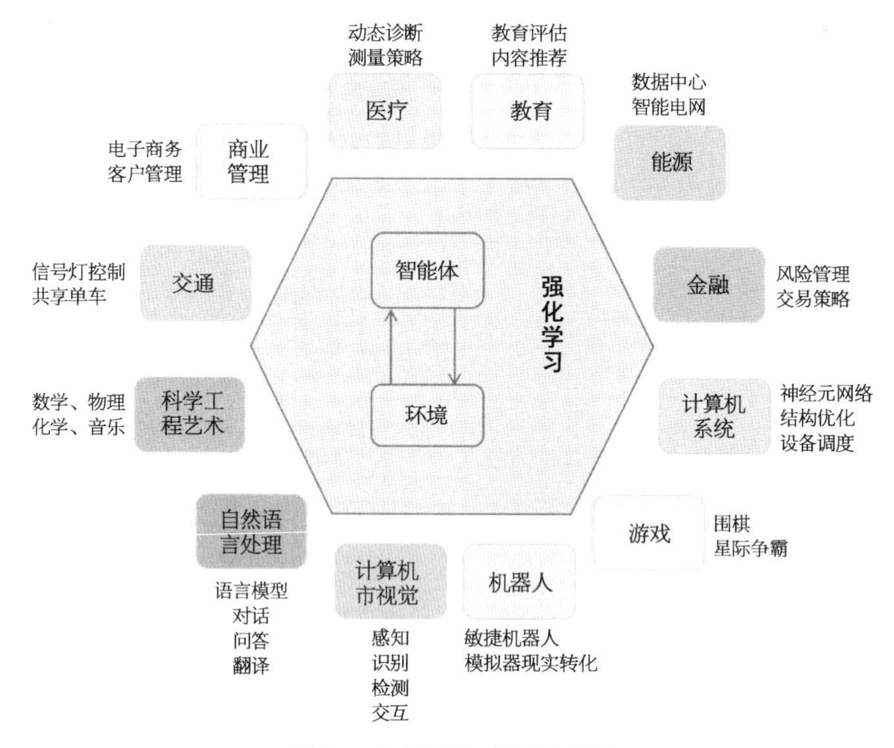

图 3.2 强化学习的原理和应用

3. 迁移学习

迁移学习(transfer learning)是将训练好的模型参数迁移到新模型,帮助新模型的训练。由于大部分数据或任务是相关的,通过迁移学习以某种方式将已经学习到的模型参数共享给新模型,可以加快和优化模型的学习效率[7]。迁移学习的使用可能有三方面益处(图 3.3)：① 更高的起点,源模型的初始性

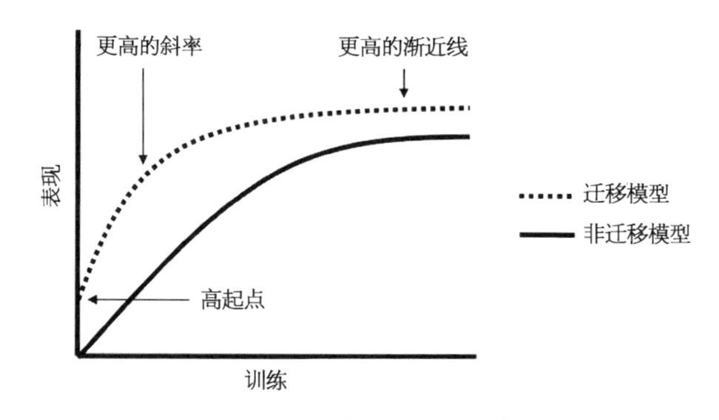

图 3.3 迁移学习的性能概念图

能较高;② 更高的斜率,使用迁移学习提升了在训练过程中源模型提升的速率;③ 更高的渐进,迁移学习训练提高了模型的收敛性能[8]。

人工智能和深度学习还有其他很多概念和模型,下面就机器学习和深度学习做进一步介绍。根据不同的科学问题和数据类型,应用不同的深度学习模型进行优化和解决问题,是面向大数据挖掘的一种常态,这些方法在微生物组大数据挖掘分析中也同样适用。

3.1.3　人工智能和高性能计算

微生物组大数据的挖掘需要人工智能,而人工智能的开展需要高性能计算硬件平台和计算框架。21 世纪以来,服务于人工智能的高性能计算平台性能提升非常快速。人类大脑有大约 100 万亿个突触、860 亿个神经元,突触实现了神经元之间的电信号传递[9]。对于人工智能,参数越多就越复杂。2021 年,一个可以支持 120 万亿参数的人工智能模型单一系统,击败了人脑万亿个突触[10]。在人工智能技术进步和产业发展过程中,算法、数据和计算力是主要推动力[11]。展望未来人工智能的发展,新一代人工智能的计算力、运算的速度都将达到新水平,并在智能化应用上形成新局面。另外,为了应对产业发展的新需求,算力基础设施也需要不断升级。除对现有数据中心进行智能化改造,使其成为能提供智能计算服务的算力平台外,一些围绕人工智能产业需求而设计、为人工智能提供专门服务的智能计算中心也在加速实现[12]。

未来可测量的生物特征数量会越来越多,测量数据的成本也会不断下降,生物数据将会进一步扩增,人工智能技术也将在更多方面服务于生物大数据分析。相信在未来 10 年,人工智能+生物计算会是一个非常好的方向。

3.1.4　机器学习的概念及方法

1. 传统机器学习

机器学习是从数据中学习,用于预测及决策[4]。当给定一个生物学任务,需要找到合适的机器学习方法进行处理时,传统机器学习往往是第一个探索领域。传统机器学习是指不基于神经网络的方法,表 3.1 列举了一些传统机器学习方法,并重点介绍了它们的优势和不足。表 3.2 列举了机器学习的一些早期应用。

表 3.1 传统机器学习方法比较

方 法	数据类型	示 例	优 势	不 足
岭回归(套索/弹性回归)	标签固定数量的特征	变异特异性表面蛋白效果预测；化学/生物化学反应动力学	容易解释；容易训练；良好的基准	无法学习复杂的特征关系；与大量功能过度匹配
支持向量机	标签固定数量的特征	蛋白质功能预测；跨膜蛋白拓扑预测	能同时进行线性和非线性分类和回归	扩展到大型数据集困难
随机森林	标签固定数量的特征	疾病相关基因突变的预测；蛋白质-配体相互作用的评分	每个决策树是人类可读的，允许解释决策是如何做出的；对特征缩放和标准化不太敏感，因此更容易训练和调整	不太适合回归；许多决策树很难解释
梯度增强	标签固定数量的特征	基因表达分析	了解每个特征对预测的重要性；决策树是人类可读的，允许解释如何做出决策；对特征缩放和标准化不太敏感，因此更容易训练和调整	如果有噪声存在，可能难以学习潜在的信号；不太适合回归
聚类	未标记的固定数量的特征	差异基因表达分析；蛋白质结构预测中的模型选择	对于低维数据，好的聚类易于识别；集群验证指标可用来评估性能	对于某些方法，扩展到大型数据集很困难；嘈杂的数据集有时会产生矛盾的结果
降维	未标记的固定数量的特征	单细胞转录组；分子动力学轨迹分析	提供数据的可视化表示；拟合优度评估通常用于评估工作表现	很难同时保留全局和本地数据差异；对于某些方法，缩放到大量样本很困难
多层感知机	贴上标签固定数量的功能	蛋白质二级结构预测；药物毒性预测	可以使用比诸如此类架构更少的层来适应数据；卷积神经网络的应用使它更容易和更快训练	容易过拟合；海量参数；可解释性低
卷积神经网络	按网格排列的空间数据；例如，2D图像(像素)或3D体积(体素)；允许可变输入大小	蛋白质残基-残基接触及距离预测；医学图像识别	变量输入的大小；在卷积层所用的权重和偏置的参数较少	接收字段，被考虑的输入量；当预测每个像素的输出时，可能会受到限制；很难训练更深层的架构，使用许多层来增加接受域，并做出更复杂的预测

续　表

方　法	数据类型	示　例	优　势	不　足
图卷积网络	以实体之间的连接(空间、交互或关联)为特征的数据允许可变输入大小	预测药物的属性；解释分子结构；知识提取	支持可变的图大小，这很重要，因为生物学中的大多数图都有可变的大小；通过跟踪图的连通性来学习模式，因此预测器使用了大多数相关的关联	对大型、密集连接图的高计算内存要求；很难培养更深层的架构
自编码器	标记的或未标记的数据固定或可变的输入大小取决于架构	蛋白质与基因工程 DNA 甲基化的预测；神经种群动态	潜在空间提供了低维表示，可用于可视化输入数据；能否生成新的样品，这在蛋白质设计等领域是有用的	潜在空间特定于训练集中的数据，可能不适用于其他数据集；测试新生成的样品通常需要湿实验

表 3.2　机器学习早期应用

输入数据类型	应　用	方法类型	输出数据类型
基因组数据	基因结构注释	监督学习	基因组
基因组数据	可变剪接	监督学习	
基因组数据	启动子结合位点	监督学习	
基因组数据、转录组数据	重要基因	监督学习	
基因组数据	RNA 结构	监督学习	转录组
基因组数据	eQTL	监督学习	
基因组数据	Pre - mRNA 剪接	监督学习	
基因组数据、转录组数据	基因表达	监督学习	
基因组数据、转录组数据	蛋白质功能	监督学习	蛋白组
转录组数据	二级结构	监督学习	
转录组数据	离子结合位点	监督学习	
转录组数据	糖基化位点	监督学习	
转录组数据	亚细胞结构	监督学习	
转录组数据	翻译后修饰	监督学习	
转录组数据	亚结构	监督学习	代谢组
转录组数据	代谢物类型	监督学习	
基因组数据	染色质状态	监督学习、无监督学习	表观组
基因组数据	甲基化 CpG	监督学习	

续 表

输入数据类型	应　用	方法类型	输出数据类型
基因组数据	基因间相互作用	监督学习	交互组
基因组数据	蛋白质/DNA 结合	监督学习	
转录组数据	基因调控网络	监督学习	
转录组数据	蛋白质间相互作用	监督学习	
转录组数据	蛋白质/RNA 结合	监督学习	
转录组数据	信号通路	监督学习	
基因组数据	代谢途径	监督学习	
基因组数据、转录组数据	微生物表型预测	监督学习	表型组
转录组数据	植物表型预测	监督学习	
基因组数据	人类表型预测	监督学习	
蛋白组数据	生物标记	监督学习、无监督学习	
转录组数据、蛋白组数据、代谢组数据	新型亚表型鉴定	无监督学习	
基因组数据	系统发育关系	监督学习、无监督学习	

2. 人工神经网络

人工神经网络(artificial neural networks，ANN)[13]模型因要拟合的数学模型形式受到大脑中神经元连通性和行为的启发而得名，这个模型最初旨在了解大脑功能。后来，在数据科学中将其作为机器学习模型，并在许多应用中表现出先进性能。下面将介绍基本的神经网络，以及广泛用于生物学研究的变体。

(1) 神经网络基本知识　神经网络的一个关键特性是使用函数逼近器，在处理问题时只需很少的假设，正确配置的神经网络就可以将任何数学函数逼近任意精度水平。换句话说，如果任何过程(生物的或其他的)可以被认为是一组变量的某种函数，那么该过程可以被建模到任意程度的准确度，仅受模型大小或复杂性的控制。

(2) 多层感知机　神经网络模型最基本的布局是以全连接方式排列的人工神经元层。在这个布局中，固定数量的输入神经元代表根据输入网络的数据计算的输入特征值，一对神经元之间的每个连接代表一个可训练的权重参数。这些权重是神经网络中主要的可调参数，优化这些权重就是神经网络训练的意义所在。在网络的另一端，许多输出神经元代表网络的最终输出值。这种网络在正确配置后可用于对输入做出复杂的分层决策，因为给定层中的每个神经元都接收来自前一层中所有神经元的输入。这种简单排列的神经元层通常被称为多层感知机，是第一个可用于生物信息学应用的网络。

(3) 卷积神经网络(convolutional neural network, CNN)　卷积神经网络由一个或多个卷积层组成，其中输出是将一个小的、一层全连接的神经网络[称为过滤器(filter)或核(kernel)]应用于输入中的局部特征的结果。如果输入类似图像，该局部区域就是图像中的一小块像素。卷积层的输出也是类似图像的数组，包含滤波器在整个输入上滑动并在每个位置计算输出的结果。至关重要的是，所有像素都使用相同的过滤器，允许过滤器学习输入数据中的局部结构。在更深的卷积神经网络中，使用跳跃连接(skip connection)很常见，除了通过层中的处理单元之外，还允许输入信号绕过一个或多个层。这种类型的网络称为残差网络(residual network)，可以让训练更快地收敛到准确的解决方案上。

(4) 循环神经网络(recurrent neural network, RNN)　循环神经网络最适合于有序序列(ordered sequences)形式的数据。在这些序列中，一个点和下一个点之间(至少在理论上)存在一些相关性。循环神经网络可以被认为是一个神经网络层块，它将序列中每个条目(或时间步长)对应的数据作为输入，并为每个条目生成一个输出，该输出依赖先前处理过的条目。它们还可用于生成整个序列的表示，该表示传递到网络的后续层以生成输出。

生物数据种类繁多，常用数据包括基因和蛋白质序列、基因随时间的表达水平、进化树、显微镜图像、3D结构和相互作用网络等。针对特定的生物数据通常需要一些特定的解决方案来有效地处理，即在许多问题领域中使用机器学习，很难直接推荐已有模型，更没有通用指南，因为模型、训练程序和测试数据的选择将在很大程度上取决于人们想要回答的确切问题。正因为如此，本章主要概述了可用的一些方法，为大家针对不同数据开展有效机器学习提供预判。但是，机器学习并不适合所有问题，在没有足够的数据时、在需要理解而非预测时，或者在不清楚如何评估性能时，它也会变为劣势。机器学习在生物学中何时能发挥最大效能的界限仍有待探索，并将根据可用实验数据的性质和数量继续变化。不可否认的是，机器学习已经对生物学产生了巨大影响，并将继续如此。

3.1.5 深度学习的概念及方法

1. 基础概念

(1) 表示学习(representation learning) 随着机器学习算法的日趋成熟，在某些领域(如图像、语音、文本等)，如何从数据中提取合适的表示成为整个任务的瓶颈所在，而数据表示的好坏直接影响后续学习任务。表示学习的目的是从数据中自动地学到从数据的原始形式到数据的表示之间的映射，从而不再需要依赖人为设计的特征。

(2) 深度学习(deep learning, DL) 表示学习的设想很好，但实际应用中从数据的原始形式直接学得数据表示非常困难。深度学习是目前最成功的表示学习方法，目前国际表征学习大会(International Conference on Learning Representations, ICLR)的绝大部分论文都是关于深度学习的。深度学习是把表示学习的任务划分成几个小目标，先从数据的原始形式中学习比较低级的表示，再从低级表示学得比较高级的表示。这样，每个小目标比较容易达到，综合起来就完成表示学习的任务。这类似于算法设计思想中的分治法(divide-and-conquer)。

(3) 深度神经网络(deep neural networks, DNN) 简单地说就是深层的神经网络。利用网络逐层对特征进行加工的特性，逐渐从低级特征提取高级特征。深度神经网络目前的成功取决于三大推动因素：① 大数据：当数据量小时，很难从数据中学得合适的表示，而传统算法＋特征工程往往能取得很好的效果；② 计算能力：大的数据和大的网络需要有足够快的计算能力才能使模型的应用成为可能；③ 算法创新：现在很多算法设计关注如何使网络更好地训练、更快地运行、取得更好的性能。

(4) 多层感知机(multi-layer perceptrons, MLP) 指多层由全连接层组成的深度神经网络。多层感知机的最后一层全连接层实质上是一个线性分类器，而其他部分则是为这个线性分类器学习一个合适的数据表示，使倒数第二层的特征线性可分。

(5) 激活函数(activation function) 是神经网络的必要组成部分。如果没有激活函数，多次线性运算的堆叠仍然是一个线性运算，即不管用多少层，实质只起到了一层神经网络的作用。一个好的激活函数应满足以下性质：① 不会饱和，sigmoid 和 tanh 激活函数在两侧尾端会有饱和现象，这会使导数在这些区域接近零,从而阻碍网络的训练;② 零均值,ReLU 激活函数的输出均值不为零,这会影响网络的训练;③ 容易计算。

(6) 迁移学习(transfer learning)　旨在利用源任务数据辅助目标任务数据下的学习。迁移学习适用于源任务数据比目标任务数据多,并且源任务中学习得的低层特征可以帮助目标任务学习的情形。在计算机视觉领域,最常用的源任务数据是 ImageNet。对 ImageNet 预训练模型的利用通常有 2 种方式:① 固定特征提取器,用 ImageNet 预训练模型提取目标任务数据的高层特征;② 微调(fine-tuning),以 ImageNet 预训练模型作为目标任务模型的初始化权值,之后在目标任务数据上进行微调。

(7) 多任务学习(multi-task learning)　与其针对每个任务训练一个小网络,深度学习下的多任务学习旨在训练一个大网络以同时完成全部任务。这些任务中用于提取低层特征的层是共享的,之后产生分支,各任务拥有各自的若干层用于完成其任务。多任务学习适用于多个任务共享低层特征,并且各个任务的数据很相似的情况。

(8) 端到端学习(end-to-end learning)　深度学习下的端到端学习旨在通过一个深度神经网络直接学习从数据的原始形式到数据的标记的映射。端到端学习并不应该作为我们的一个追求目标,是否要采用端到端学习的一个重要考虑因素是有没有足够的数据对应端到端的过程,以及有没有一些领域知识能够用于整个系统中的一些模块。

2. 优化算法

在网络结构确定之后,需要对网络的权值(weights)进行优化,接下来将介绍优化深度神经网络的基本思想。

(1) 梯度下降(gradient descent, GD)　算法的性能大致取决于 3 个因素:① 初始位置:如果初始位置本就离目的地很近,自然很容易到达目的地。② 路径:如果道路九曲十八弯,很有可能在里面绕半天都绕不出来。③ 步长:当步子迈太小,很可能走半天也没走多远,而当步子迈太大,一不小心就容易撞到旁边的悬崖峭壁,或者错过目的地。

(2) 误差反向传播(error back-propagation, BP)　结合微积分中链式法则和算法设计中动态规划思想用于计算梯度。直接用纸笔推导出中间某一层的梯度数学表达式是很困难的,但链式法则表明,一旦知道后一层的梯度,再结合后一层对当前层的导数,就可以得到当前层的梯度。动态规划是一个高效计算所有梯度的实现技巧，通过由高层往低层逐层计算梯度，避免了对高层梯度的重复计算。

（3）滑动平均(moving average)　要前进的方向不再由当前梯度方向完全决定，而是最近几次梯度方向的滑动平均。利用滑动平均思想的优化算法有带动量(momentum)的SGD、Nesterov动量、Adam(adaptive momentum estimation)等。

（4）自适应步长　自适应地确定权值每一维的步长。当某一维持续震荡时，希望这一维的步长小一些；当某一维一直沿着相同的方向前进时，则希望这一维的步长大一些。利用自适应步长思想的优化算法有AdaGrad、RMSProp、Adam等。

（5）学习率衰减　当开始训练时，较大的学习率可以使在参数空间有更大范围的探索；当优化接近收敛时，则需要小一些的学习率使权值更接近局部最优点。

3. 初始化

权值初始化对网络优化至关重要。深度神经网络在早期无法有效训练的一个重要原因就是对初始化不太重视。本节将介绍几个适用于深度神经网络的初始化方法。总的来说，方差不变，即设法对权值进行初始化，使得各层神经元的方差保持不变是初始化的基本思想。

（1）Xavier初始化　从高斯分布或均匀分布中对权值进行采样，使得权值的方差是$1/n$，其中n是输入神经元的个数，该推导假设激活函数是线性的。

（2）He初始化/MSRA初始化　从高斯分布或均匀分布中对权值进行采样，使得权值的方差是$2/n$。该推导假设激活函数是ReLU，因为ReLU会将小于0的神经元置零，大致上会使一半的神经元置零，所以为了弥补丢失的这部分信息，方差要乘以2。

（3）批量规范化(batch-normalization，BN)　每层显式地对神经元的激活值做规范化，使其具有零均值和单位方差。批量规范化使激活值的分布固定下来，这样可以使各层更加独立地进行学习。批量规范化可以使得网络对初始化和学习率不太敏感。此外，批量规范化有些许正则化的作用，但不要用其作为正则化手段。

4. 偏差/方差(bias/variance)

经过前面的一系列优化操作之后，如果网络的表现仍未达到理想的效果，对网络处于高偏差/高方差状态进行诊断，将成为下一步调参方向的重要指导。

（1）偏差　度量网络的训练集误差和贝叶斯误差（即能达到的最优误差）

的差距。高偏差的网络有很高的训练集误差,说明网络对数据中隐含的一般规律还没有学好。当网络处于高偏差时,通常有以下几种解决方案:① 训练更大的网络,网络越大,对数据潜在规律的拟合能力越强;② 更多的训练轮数,通常训练时间越久,对训练集的拟合能力越强;③ 改变网络结构,不同的网络结构对训练集的拟合能力有所不同。

(2) 方差 度量网络的验证集误差和训练集误差的差距。高方差的网络学习能力太强,把训练集中自身独有的一些特点也当作一般规律学习,使网络不能很好地泛化(generalize)到验证集。当网络处于高方差时,通常有以下几种解决方案。① 更多的数据,这是对高方差问题最行之有效的解决方案;② 正则化;③ 改变网络结构,不同的网络结构对方差也会有影响。

(3) 正则化 是解决高方差问题的重要方案之一,其基本思想是使网络的有效大小变小。网络变小之后,网络的拟合能力随之降低,这会使网络不容易过拟合到训练集。① L2 正则化倾向于使网络的权值接近 0。这会使前一层神经元对后一层神经元的影响降低,使网络变得简单,降低网络的有效大小,降低网络的拟合能力。L2 正则化实质上是对权值做线性衰减,所以 L2 正则化也被称为权值衰减(weight decay)。② 随机失活(dropout)。训练时,随机失活随机选择一部分神经元,使其置零,不参与本次优化迭代。随机失活减少了每次参与优化迭代的神经元数目,使网络的有效大小变小。随机失活可以降低神经元之间耦合和实现网络集成。③ 数据扩充(data augmentation),实质是获得更多数据的方法。当收集数据很昂贵,或者拿到的是二手数据且数据有限时,从现有数据扩充生成更多数据,用生成的"伪造"数据当作更多的真实数据进行训练。④ 早停(early stopping)。随着训练的进行,当发现验证集误差不再变化或者开始上升时,提前停止训练。

基于各类深度学习方法特征以及实际应用需求,深度学习在生物学研究中具有广泛应用(表 3.3 和表 3.4)。

表 3.3 深度学习应用(从网络类型角度分类)

网络类型	实际应用
全连接网络	预测给定序列中外显子剪接的比例 预测可能引起病变的遗传变异 基于基因组区域特征,预测顺式调控元件 基于转录因子与 DNA 序列,识别序列基序

续 表

网络类型	实际应用
卷积网络	预测转录因子的体内体外结合亲和力
	基于 DNA 序列，预测染色质特征
	预测 DNA 可及性特征
	基于 DNA 序列，对转录因子结合位点分类
	基于 DNA 序列，预测 DNA 互作图谱
	基于 DNA 序列，预测 DNA 甲基化
	基于 DNA 序列，预测 RBP 亲和力
	基于 DNA 序列，预测 miRNA
	预测引导 RNA 的特异性
	CHIP - seq 数据降噪
	增强 Hi - C 数据分辨率
	预测 DNA 序列的实验室起源
	识别遗传变异体
循环卷积网络	预测单细胞 RBP 亲和力
	预测转录因子结合亲和力
	预测 DNA 可及性
	利用 mRNA 序列预测前体 miRNA 的出现
图卷积网络	预测不同组织中的蛋白质功能
	根据其他基因表达，预测二值化的基因表达
	根据其他基因表达，预测二值化的基因表达
自编码器	填充缺失数据
	提取基因表达特征
	检测表达的异常值
	基于单细胞数据扩展数据，降维和表示学习
	基于 scRNA - seq 提高细胞聚类和可视化效果
变分自编码器	寻找 RNA 序列有意义的概率潜在表示
生成对抗网络	设计用于蛋白质结合微阵列的 DNA 探针
	模拟 scRNA - seq 数据和降维
	CyTOF 数据和 scRNA - seq 数据去歧化

表 3.4　不同研究领域中机器学习和深度学习的应用

实际应用	应用介绍	所属研究领域
半自动基因注释	通过表观基因组特性的相似性将基因组区域聚类	表观基因组变异和基因调控
转录因子结合位点预测	仅基于 CHIP - seq 数据	
	根据 DNA 结合基序推断转录因子占有率	
	染色体可及性	
	DNA 甲基化信息	
	先验基因组注释特征	
	分离低表达和高表达区域(仅基于 Hi - C 数据)	
组蛋白修饰和 DNA 甲基化预测	基于 CHIP - seq 的计算替代方案	
	仅基于序列	非编码区变异效应
	序列＋突变数据库保守评分、蛋白质功能评分	
	序列＋自然选择概率(物种学)	
预测细胞类型	基于降维方法	整合单细胞分析
多组学分析	典型相关分析(CCA),基于数据集之间的相关性生成假设	
	基于数据插补方法	
	组学数据集分别聚类后,进行二次比较分析	
大规模单细胞数据分析	基于近似推断和快速软件实现方法	
	基于深度学习,小批量迭代	
蛋白质功能预测	基于相似性预测方法(BLAST),构建网络	细胞表型和功能
蛋白质相互作用预测	构建共表达基因相似性网络,鉴定蛋白质复合物	
	组合不同组织或不同物种数据	
	基于基因排序法,利用已存特定功能蛋白质数据	
	联合潜在模型	
	多标签学习	
	集成学习	
	集成调节网和途径信息,预测功能模块网络	
	基于数据直接推断功能(蛋白功能层次结构)	
	基于贝叶斯推论构建完整的相互作用网络	
	基于表观基因组数据	
	基于质谱数据	
药物-靶标相互作用预测	基于药物化学结构和靶蛋白 DNA 序列数据	计算药理学
	基于扩散概率	
药物相互作用和药物组合预测	基于分类	二元分类问题
	基于相似度	
	基于图模型	

续 表

实际应用	应用介绍	所属研究领域
药物利用	基于蛋白质靶点相互作用网络	计算药理学
	基于各种药物治疗方案下的基因表达激活预测	
	基于药物副作用进行预测	
	基于多种疾病相似性和药物相似性	
	基于群集分配(COCA)方法	疾病分型
	试图捕获内部结构，潜在尺寸和非线性关系	
	基于网络识别子网络	

3.1.6 计算机经典算法简介

算法的基本过程是接受一个或一组值为输入，然后输出一个或一组值，任何定义明确的计算步骤都可称为算法。可以这样理解，算法是用来解决特定问题的一系列步骤。算法必须具备如下3个重要特性：① 有穷性，执行有限步骤后，算法必须中止；② 确切性，算法的每个步骤都必须有确切定义；③ 可行性，特定算法可以在特定的时间内解决特定问题。算法虽然广泛应用在计算机领域，但却完全源自数学。

最早的数学算法可追溯到公元前1600年Babylonians有关求因式分解和平方根的算法，表3.5列举了重要的计算机算法，这些算法的发展造就了现代社会的便利生活。

表3.5 各类算法性能比较

算法名称	最优	平均	最差	存储	稳定
冒泡排序法	n	n^2	n^2	1	是
选择排序法	n^2	n^2	n^2	1	否
插入排序法	n	n^2	n^2	1	是
归并排序	$n\log n$	$n\log n$	$n\log n$	最坏情况是n	是
就地归并排序	_	_	$n(\log n)^2$	1	是
快速排序	$n\log n$	$n\log n$	$n\log n$	平均$\log n$，最坏情况是n	典型的就地排序不稳定
堆排序	$n\log n$	$n\log n$	$n\log n$	1	否

注：n代表元素数量，$n\log n$、$\log n$等代表查找长度。

1. 归并排序、快速排序、堆积排序

归并排序算法是目前为止最重要的算法之一，是分治法的一个典型应用，由数学家 John von Neumann 于 1945 年发明。快速排序算法结合了集合划分算法和分治算法，其稳定性较差，但在处理随机列阵（AM-based arrays）时效率非常高。堆积排序采用优先伫列机制，减少排序时的搜索时间，同样不是很稳定。与早期的排序算法相比（如冒泡算法），这些算法将排序算法提上了一个大台阶。也多亏了这些算法，才有今天的数据发掘、人工智能、链接分析，以及大部分网页计算工具。

2. 傅里叶变换和快速傅里叶变换

这 2 种算法看似简单，但却相当强大。整个数字世界都离不开它们，其功能是实现时间域函数与频率域函数之间的相互转化。因特网、Wi-Fi、智能机、座机、电脑、路由器、卫星等几乎所有与计算机相关的设备都或多或少与它们有关。

3. 代克思托演算法（Dijkstra's algorithm）

因特网的高效率很大程度上都依靠这种算法。只要能以"图"模型表示的问题，都能用这个算法找到"图"中 2 个节点间的最短距离。虽然如今有很多更好的方法来解决最短路径问题，但代克思托演算法的稳定性仍无法取代。

4. RSA 非对称加密算法

该算法主要贡献于密钥学和网络安全。RSA 算法作为密钥学领域最厉害的算法之一，由 RSA 公司的 3 位创始人提出，奠定了当今的密钥研究领域。

5. 安全哈希算法（secure Hash algorithm）

确切地说，这不是一种算法，而是一组加密哈希函数，由美国国家标准技术研究所首先提出。应用商店、电子邮件、杀毒软件、浏览器等，都使用这种算法来保证正常下载，以及是否被中间人攻击，或者网络钓鱼。

6. 整数质因子分解算法（integer factorization）

这其实是一个数学算法，不过已经广泛应用于计算机领域。通过一系列步骤将一个合成数分解成不可再分的数因子。很多加密协议都采用了这个算

法，如 RSA 算法。

7. 比例微积分算法(proportional integral derivative algorithm)

这个算法主要是通过控制回路反馈机制，减小预设输出信号与真实输出信号间的误差。只要需要信号处理或电子系统来控制自动化机械、液压和加热系统，都需要用这个算法。飞机、汽车、电视、手机、卫星、工厂和机器人等中都有这个算法的身影。

8. 数据压缩算法

数据压缩算法有很多种，哪种最好则取决于应用方向，压缩 mp3、JPEG 和 MPEG-2 文件都不一样。它不仅仅是用于文件夹中的压缩文件，除文字外，游戏、视频、音乐、数据储存、云计算等都有应用。数据压缩算法可以让各种系统更轻松，效率更高。

9. 随机数生成算法

目前，计算机还没有办法生成真正的随机数，但事实上伪随机数生成算法已经足够了。这些算法在许多领域都有应用，如网络连接、加密技术、安全哈希算法、网络游戏、人工智能，以及问题分析中的条件初始化。

随着人工智能技术的飞速发展，尤其是以 GPT-3、ChatGPT 为代表的深度学习模型的不断进步，相关方法也已自然而然地渗透到生物数据分析领域。尤其是在微生物组的研究领域，当前不论是在以抗生素抗性基因(antibiotics resistance gene, ARG)为代表的特定功能基因的挖掘方面[14]，还是在利用微生物组数据进行疾病预测方面[15]，人工智能方法的应用都产生了极为显著的效果，推动了微生物组相关知识的发掘。例如，2018 年中国科学院微生物研究所的吴边团队通过使用人工智能计算技术，构建出一系列的新型酶蛋白，实现了自然界未曾发现的催化反应；并在世界上首次通过完全的计算指导获得了工业级微生物工程菌株，取得了人工智能驱动生物制造在工业化应用层面的率先突破[16]。另外，人工智能、计算化学、生物信息学等多学科的联合进步为许多之前难以解决的重大科学问题迎来了曙光，其中基于人工智能计算微生物新酶在近年取得重大突破。酶是生物催化技术中的核心发动机，其本质是一种蛋白质，三维结构很大程度上决定了其生物学功能，所以结构预测是了解酶功能的一种重要途径。随着人工智能的发展，基于算法实现蛋白质三维结构预测成为可能，有效的预测方法包括 Rosetta[17]、QUARK[18]、I-TASSER[19]、AlphaFold[20]等。它们在结构建模方面表现出较好的性能，推动了大规模微生物新酶的发掘。

以下将详细介绍基于人工智能技术的微生物组大数据的挖掘策略。

3.2 微生物组数据挖掘方法

3.2.1 微生物组大数据挖掘主流方法及其特征

当前微生物组大数据挖掘的主流方法包括基于参考序列的微生物组测序数据质量控制分析，基于序列聚类的物种鉴定，基于线性分析的物种相关性分析，基于统计差异的标志物种鉴定，基于贝叶斯推断的微生物溯源分析，基于序列相似性分析的功能基因挖掘等[21]。其主要特征为：依赖于参考序列，依赖于序列相似性的聚类和功能挖掘，线性的相关性分析，过于简单（如基于贝叶斯推断）的模型构建。目前微生物组大数据挖掘面临的问题主要包括新物种和新基因挖掘不深、复杂相关性发掘无力、模型预测性不佳等（图 3.4）。

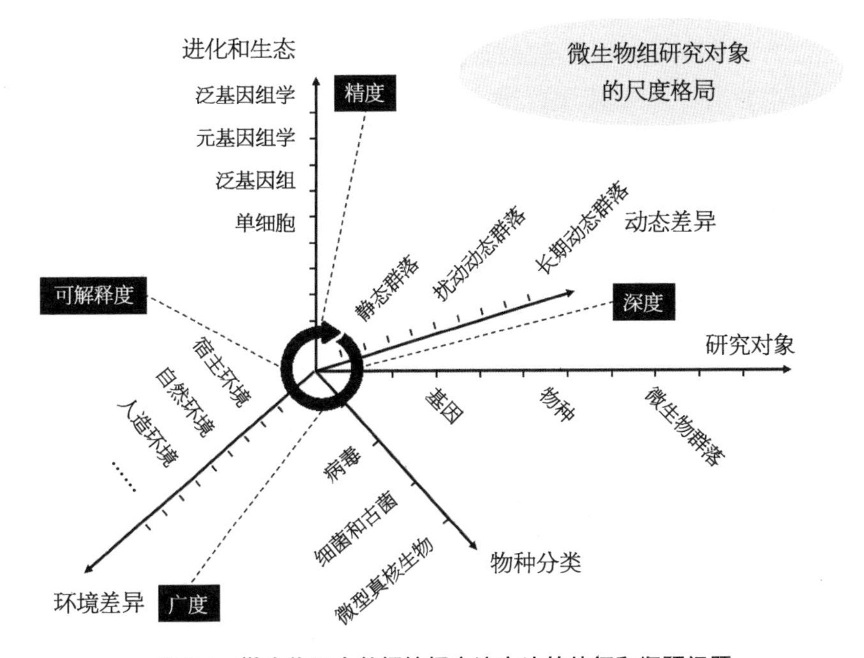

图 3.4　微生物组大数据挖掘主流方法的特征和瓶颈问题

微生物组研究对象包括基因、物种和微生物群落，基于不同的对象研究动态差异、环境差异、进化和生态等。主要的瓶颈问题是精度、深度、可解释度和广度。

3.2.2 微生物组数据挖掘技术简介

1989 年 8 月，第十一届国际联合人工智能学术会议首次提出了数据挖掘的概念，其一开始是起源于从数据库中发现知识(KDD)。1996 年，又对数据挖掘进行重新定义，将 KDD 和数据挖掘进行区分。KDD 是从数据中辨别有效的、新颖的、潜在有用的、最终可理解的模式的过程；数据挖掘是 KDD 中通过特定的算法在可接受的计算效率限制内生成特定模式的一个步骤。

在大数据背景下，数据挖掘作为最常用的数据分析手段将高性能计算、机器学习、人工智能、模式识别、统计学等多个范畴的理论和技术融合在一起，并在许多领域得到广泛应用。在数据挖掘中，其功能及可以发现的模式类型包括类/概念描述、关联分析、分类和预测、聚类分析、孤立点分析和演变分析。

1. 类/概念描述

数据挖掘一般可分为描述型数据挖掘和预测型数据挖掘，概念描述是最简单的描述型数据挖掘。概念描述包括数据的特征描述和比较描述：特征描述是给定数据集的简洁汇总，比较描述多用于 2 个或多个数据集。数据可以与类或概念相关联，可以使用数据特征化、数据区分、数据特征化和区分的方法以汇总的、简洁的、精确的方式描述每个类和概念可能是有用的。

2. 关联分析

关联反映某个事物与其他事物之间相互依存的关系，而关联分析是指在大规模数据中找出存在于数据集合之间的关联模式，即如果 2 个或多个事物之间存在一定的关联性，则其中一个事物就能通过其他事物进行预测。通常的做法是挖掘隐藏在数据中的相互关系，当 2 个或多个数据项的取值相互间高概率地重复出现时，就会认为它们之间存在一定的关联。

关联分析是在实际应用中常用的方法，比如购物规律、商业事件中往往都会暗含某种关联规则，从大量的数据记录中发现一些有趣的联系可以帮助许多商务决策的制定，如分类设计、交叉购物和贱卖分析等。

3. 分类和预测

分类和预测是 2 种使用数据进行预测的方式，可用来评估未来的结果。

分类算法反映的是如何找出同类事物共同性质的特征型知识和不同事物之间的差异性特征知识。分类是通过有指导的学习训练建立分类模型，并使用模型对未知分类的实例进行分类。分类输出属性是离散的、无序的。预测模型与分类模型类似，可以看作一个映射或者函数 $y=f(x)$，其中，x 是输入元组，输出 y 是连续的或有序的值。与分类算法不同的是，预测算法所需要预测的属性值是连续的、有序的，分类所需要预测的属性值是离散的、无序的。在应用中，分类是去寻找可以区分数据的模型的过程，用来预测数据对象的类标记，而预测需要构造和使用模型来评估无标号样本类，或评估给定样本可能具有的属性值或值区间，可以估计某些空缺或未知值。

4. 聚类分析

聚类分析就是将物理或抽象对象的集合分组为由类似的对象组成的多个类的分析过程，其目的是在相似的基础上收集数据来分类。聚类类似于分类，但与分类的目的不同，是针对数据的相似性和差异性将一组数据分为几个类别。属于同一类别的数据间的相似性很大，但不同类别之间数据的相似性很小，跨类的数据关联性很低。聚类与分类的另一个区别是，聚类要求划分的类是未知的，是基于数据之间的相似性，将数据对象分组为多个类或簇，通过聚类分析去解决更多的数据挖掘中的问题。

5. 孤立点分析

孤立点分析又称异类分析，是指在数据库中存在的一些与数据其他部分不一致或者不符合数据一般模型的数据对象，它可能是度量或执行错误所导致的，也可能是固有数据变异性的结果。一般的孤立点挖掘中存在2个基本任务：一是在给定的数据集合中定义什么样的数据可以被认为不一致；二是找到一个有效的方法来挖掘这样的孤立点。在大多数研究中，孤立点都被视为噪声而丢弃。但是在医疗分析中，某些差异反应数据对于医疗非常重要，这时候就会对孤立数据进行分析，即孤立点分析。

6. 演变分析

数据演变分析是描述对象行为随时间的变化规律或趋势，并对其建模。这种分析可能包括时间相关数据的特征化、区分、关联、分类或聚类。

3.2.3 微生物标志物挖掘及经典案例

微生物组学大数据分析和整合研究已经逐渐涉及生物信息学的各个方面。其中，统计和模式识别方法是理解微生物数据的基础，生物网络建模和模式挖掘是研究微生物分子生态系统的核心。为此，面向微生物组学大数据的特点，设计开发新的模式挖掘、统计模式识别、网络构建与分析方法具有非常高的价值。基于这些方法，能够从微生物组学大数据中提取与疾病相关的微生物标志，并将其用于微生物相关疾病的生物诊断和治疗[1]。

生物标志物是一种对治疗后状态、病理过程以及利用药物后的集体反应进行客观判断的指示物，是临床诊断方面常用的辅助工具，可以反映和检测生物集体和环境之间发生作用时的特征性改变。根据特定的改变可以有效判断疾病发生原因，并对其发展方向和后续的治疗手段提供指导。生物标志物的选择是一个异常艰难的过程，需要进行研究和详细的临床医学验证，以及在特殊情况下的可行性分析[22]。

随着科学技术的发展，临床上对生物标志物的使用更加广泛，将生物标志物与常规检测手段相结合是临床诊断的一大发展方向。

例如，纤维肌痛症是一种复杂且相对未知的疾病，其主要特征是弥漫性肌肉疼痛，常伴有多种非特异性症状但原因不明，研究发现大部分患者有躯体或精神创伤史。Marc Clos - Garcia 等[23]结合不同的组学技术来分析微生物组和血清组分，深入了解纤维肌痛的发病机制并鉴定诊断性生物标志物[23]。研究选取了 105 例纤维肌痛患者以及 54 例年龄和环境条件匹配的健康个体对照者，收集粪便和血液样本，结合微生物组、血清代谢组、循环细胞因子和 miRNAs 数据来寻找潜在的生物标志物。其结果如下：

(1) 对照样本和纤维肌痛样本之间多元无监督 PCA 未显示任何差异，但是监督的偏最小二乘判别分析(partial least squares-discriminant analysis，PLS - DA)2 个样本组区别明显。对照组呈现出更加多样化的细菌群落。2 个样品组的比较显示，健康对照组中的梭状芽孢杆菌比纤维肌痛患者中丰富，但差异没有统计学意义。将临界值降低到普遍存在的 50%之后，观察到了 2 组核心微生物组之间的差异。具体来说，在纤维肌痛核心微生物组中不存在双歧杆菌科和拟杆菌属(它们代表对照核心微生物组)。

(2) 纤维肌痛组和对照组之间有 228 个特征不同。在这 228 个特征中，只有 88 个在 METLIN 数据库中具有暂定 ID。使用 MS / MS 数据和化学标准品，发现纤维肌痛样品中这些代谢物的7种水平发生了显著变化：鸟氨酸、L-精氨酸、Nε-甲基-L-赖氨酸、L-谷氨酸、L-谷氨酰胺、不对称二甲基精氨酸(asymmetric dimethylarginine, ADMA)和血小板活化因子-16(platelet activating factor-16, PAF-16)。其中一个与新陈代谢相关的改变特征，初步确定为L-苏氨酸或DL-高丝氨酸。MetScape和IPA(QIAGEN)分析表明，细胞信号传导、炎症反应和超敏反应是最相关的生物学过程。最典型的代谢途径是精氨酸、一氧化氮和谷氨酸代谢。

(3) 代谢组学特征和微生物组变量的相关性研究发现，基于相关性，代谢物可分为2个簇。第一簇含有4种代谢物(3-甲基-L-赖氨酸、PAF-16、ADMA、L-赖氨酸)，第二簇由8种代谢产物(谷氨酸、L-苏氨酸/DL-高丝氨酸、谷氨酰胺、Nε-甲基-L-赖氨酸、肌酸酐、鸟氨酸、精氨酸和乙酰肉碱)形成，但这个簇中乙酰肉碱的代谢产物与其他代谢产物的行为不同。双歧杆菌在纤维肌痛患者中的丰度降低，与第一簇呈负相关，与第二簇呈正相关。Dorea在纤维肌痛患者中的丰度增加，与第一簇呈正相关，与第二簇呈负相关。

3.2.4 微生物组样本比对和特征预测及经典案例

随着测序技术和信息学的发展，微生物数据的获取和共享呈指数级增长，进一步加深了人们对微生物在健康、疾病、环境等中所发挥作用的理解。然而，要想更好地应用微生物组数据，减少PCR和测序的错误、避免样本污染等是亟待解决的问题。

样本污染一般是从研究目标来定义，比如婴儿的肠道菌群有哪些继承了母亲的肠道菌群、哪些来自阴道菌群、哪些来自皮肤；法医学鉴定尸体中的菌群来自本身，还是来自周围环境；河流污染物来源于工厂、农田还是养殖场。这些问题归根到底都属于微生物来源跟踪，是数据挖掘的一大重要发展方向。

Scott教授及Rob Knight团队在2011年提出微生物溯源的新方法SourceTracker[24]。这是一种贝叶斯方法，用于在标志物基因和功能宏基因组学研究中识别污染源和污染比例。以前的微生物来源跟踪方法一直集中在检测水中粪便污染[25]，局限于检测预定的指示物种和来源群落定制的生物标志物，且先前的工作使用数据驱动的指标种类识别，缺乏概率框架。SourceTracker可以直接估算来源比例，并且可以使用贝叶斯模型对已知和未知来源环境的不确定性进行建模。

在 SourceTracker 的性能评估上，研究者收集了代表办公大楼、医院和研究实验室中表面污染的细菌 16S rRNA 基因序列的条形码焦磷酸测序数据集，以及用于宏基因组学研究的试剂。使用 SourceTracker 将这些数据与来自可能是室内污染物源的环境（即人的皮肤、口腔、粪便和温带土壤）的已发布数据集进行比较，并将这些自然环境视为通过自然迁移（如办公室样品）或无意污染（如无模板 PCR 对照）而为室内水槽环境贡献生物的来源。

先前的工作已将概率指标种类用于朴素贝叶斯估计[26]，SourceTracker 的分析准确性与朴素贝叶斯建模相比，当容易消除歧义但在其他地方不准确时，朴素贝叶斯建模是准确的，但在难以消除歧义时，其准确性较差，但 SourceTracker 的性能依旧很好。与随机森林分类器的准确性相比，随机森林分类通常比朴素贝叶斯分析好，但比 SourceTracker 差。

3.2.5 微生物组时序网络挖掘及经典案例

网络并非一成不变，时序网络中的边会随着时间的变化出现或者消失。图 3.5 对比了普通网络[图 3.5(a)]与时序网络[图 3.5(b)]的不同。

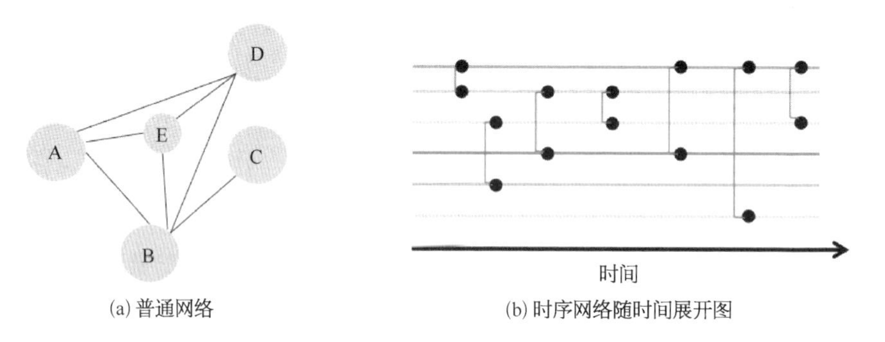

图 3.5 两类网络对比图

如果时间是离散化表示的，则可以用多层网络(multi-layer network)来表示时序网络。时序网络的多层表示可以促进对网络上的群落发现，以及群落合并、分离及演进的研究。如今时序网络上的群落发现方法已经在神经、材料、疾病传播、生态、投票等多个场景下得到了成功的应用。另一种描述时序网络的方法是 Activity-driven，即 AD 模型。AD 模型可以用节点的激活概率(activity potential)函数来描述时序网络中节点之间的连接方式和相互作用，也就是网络上的动力学。

节点的中心度(centrality)是长期的研究热点,这一指标可以揭示网络中节点的角色,例如网页排名、学术评价。近年来,各种类型的节点中心度包括介度中心度、连通度、特征向量中心度等,已经被推广到时序网络上,来衡量节点的重要性如何随网络结构改变而变化。

Takayuki Hiraoka 等[27]在 2019 年提出了能够对网络中的连边之间的竞争和相关性进行建模的方法,通过模型可以模拟在边和节点演化动力学中满足长尾分布的时序网络[28]。另外,Kim 等[29]在 2020 年进行了时序网络动力学研究,针对不同场景下面对面交流时呈现出的模式,通过优先激活(preferential activation)模型可以拟合学校、医院等不同环境下人与人交流时的时序网络所呈现的特征,最终结果表明当节点之间相互作用受到环境影响时,环境变化对时序网络的动力学行为有重要影响。

3.3 微生物组大数据挖掘的人工智能方法

随着生物大数据的不断积累,相关的人工智能方法的应用也越来越成熟。其中针对微生物组大数据的人工智能方法的开发和应用,提高了微生物组分析的各个环节,极大地促进了面向微生物群落的知识发现。

3.3.1 在生物研究中的人工智能方法

1. 去除批次效应的人工智能方法

生物大数据具有来源多的特点,使得样本间会存在批次效应而影响整个实验结果。现已开发出许多用于去除批次效应的方法,其中生成对抗神经网络(generative adversarial network, GAN)[30]是一种能够较好去除生物学研究中批次效应的人工智能方法。生成对抗神经网络是一种无监督学习方法,由一个生成网络(Generator)与一个判别网络(Discriminator)组成,两个神经网络在学习时会相互博弈以提高模型性能。因为生成对抗神经网络可以发掘不同批次数据之间的差异特征(物种丰富度等特征),因此能够利用生成对抗神经网络来增强现有分类和预测方法的准确性[31]。

具体来说,生成对抗神经网络的 Generator 和 Discriminator 可以看成 2 个黑盒,里面包含神经网络,Generator 和 Discriminator 可以用任何形式,不一定非得使用神经网络。Generator(G)的输入是噪声 z,输出是生成的样本

G(z)，G(z)通过模拟真实样本的特征使得与真实样本尽可能地相似。Discriminator(D)的输入则是将生成的样本和真实数据混合，Discriminator进行二分类并给出一个是否为真的打分D(G(z))，当分数小于0.5时为假，将G(z)返回并由此优化Discriminator，返回后的G(z)也会优化Generator使得第二轮生成更加接近真实样本的G(z)，不断重复这个生成和对抗的过程，最终趋于饱和生成和真实样本足够相似难辨真假的假样本[32](图3.6)。

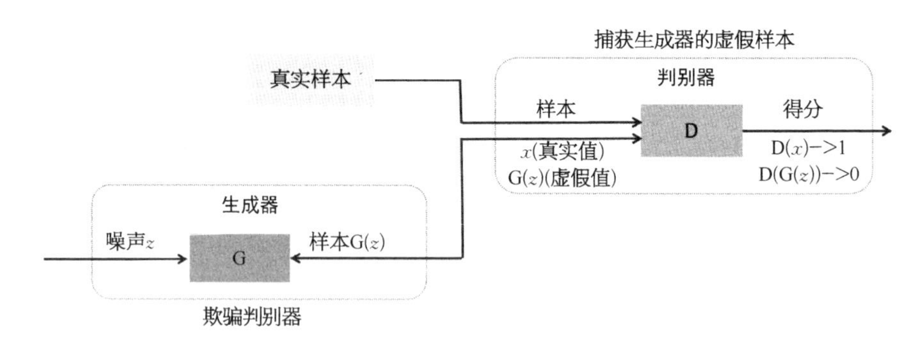

图3.6 GAN的判别过程

迁移学习(transfer learning)是另一种能够较好去除生物学研究中批次效应的人工智能方法。迁移学习是一个比较大的概念，包括数据迁移、参数迁移、模型迁移等不同的模式[8]。其中，模型迁移较为常用。模型迁移利用已有数据集的模型，迁移到新的数据集上进行分类和预测等分析[8]，主要用于基于数据的样本分类、疾病预测和时序建模等。利用迁移学习技术，可以将适用于一个数据集上的样本分类器用于另一个数据集中的样本分类，因此特别适用于不同民族、地区、年龄微生物组数据集之间的模型迁移和知识发现。针对不同批次数据集之间的批次效应的去除，迁移学习的优势也很明显[33]。

2. 多组学研究的人工智能方法

在多组学研究中，多组学整合、富集分析、相关性分析、预测模型建立与优化是最核心的分析模块，也是人工智能技术能够大幅度改善分析效果的环节。

在多组学整合方面，最大的瓶颈在于数据类型的异质性。在多组学研究中，微生物组学数据通常是物种丰度表(abundance table)；而基因组学数据通常是SNP突变概述数据；转录组学数据通常是基因表达数据；表型数据或者影像数据的数据特征更为复杂,因此也更难整合。传统上基于线性拟合的方法,难以整合与理解不同组学[34]的异质性数据。如何基于多组学数据之间建立相关性模型,是一个很大的挑战。

在富集分析方面,核心问题是生物标志物的挖掘和网络特征的挖掘,难点在于数据的异质性,以及数据分布的差异性。对于生物标志物的挖掘,微生物组中的主要生物标志物是物种,基因组和转录组中的主要标志物是基因和基因表达特征。单独挖掘一类组学数据的生物标志物是相对简单的事情,然而挖掘多组学生物标志物就非常复杂,因为不同组学的生物标志物之间的关联性是否成立很难确定。更重要的是,不同组学数据分布具有较大差异性,微生物组学数据中物种丰富度符合 beta 分布,而基因表达数据分布符合正态分布。基于多组学数据挖掘生物标志物,本身就具有方法学上的挑战[34]。对于网络特征的挖掘,因为不同组学网络均符合非标度网络的特征,因此富集分析更为可行,通过组学网络中中心节点和关键模块的发掘(关键特征发掘)、不同组学关键特征的关联分析、多组学整合特征的验证等若干步骤,可以较全面地完成网络特征的挖掘。

在相关性分析方面,多组学数据类型的异质性也会造成相关性分析的瓶颈。传统上基于线性拟合的方法,难以整合与理解不同组学的异质性数据。基于多组学数据建立非线性相关性模型是一个很大的挑战。广义线性模型(generalized linear model)是当前分析多组学异质性数据关联性的一种常用模型,通常在微生物组-代谢组、微生物组-转录组等两两关联性分析中有较好效果[35]。然而,关联超过 2 种组学的数据,以及在更大数据集上做关联性分析,基于深度学习的关联性建模可能会更有效。

在预测模型建立与优化方面,如何建立兼顾宿主信息和环境信息的多组学预测模型是要考虑的主要问题。预测模型一般可分为无监督学习模型和监督学习模型。传统上针对少量组学数据,无监督学习模型,如贝叶斯模型和期望最大化(EM)模型等,均有较好的性能[35]。然而面对大数据,尤其是包括微生物组学大数据在内的多组学数据,无监督学习模型在准确性和效率方面均有缺陷。监督学习模型的构建是当前面向多组学大数据较为合适的深度学习方案[36],其优点是一旦模型建立,则准确性和效率均较好,也有较好的普适性,但是基于大数据训练模型的过程较为消耗计算资源[37]。

综上所述,在多组学研究的过程中会受到许多限制,深度学习助力多组学研究,将对状态预测和时序建模等发挥重大作用(图 3.7)。

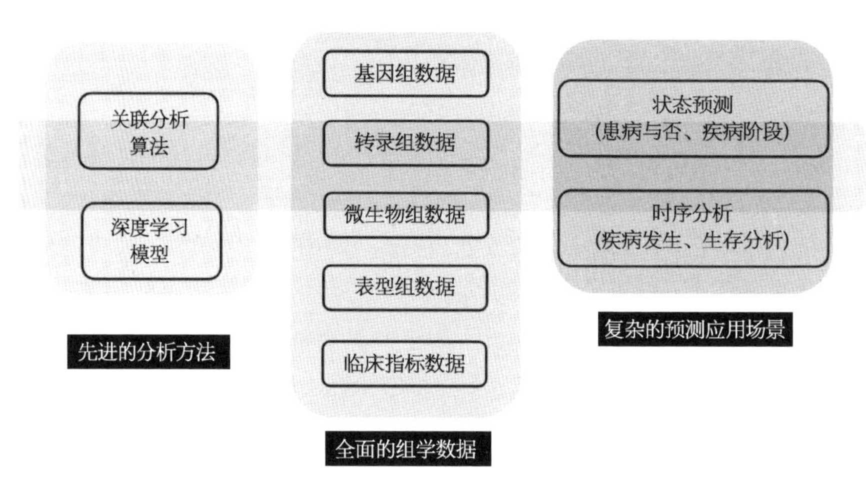

图 3.7　深度学习助力多组学研究

整个分析场景分为 3 个部分：先进的分析方法、各类组学数据，以及复杂的预测应用场景。其中深度学习的方法是整个分析场景中的核心分析方法。

在状态预测方面，深度学习能够将针对生物医学中的疾病判断和患病阶段预测等重要问题的预测能力推高到以往难以企及的程度，甚至有可能超过人类专家的准确性[38]。现在已有通过人体基因组、微生物组、代谢组等多组学数据整合挖掘的方法预测代谢性疾病[39]和癌症[40]的模型。此外，对于健康人的年龄预测、代谢水平预测等健康相关问题，当前的深度学习模型也有长足的进展，像 iAge 等方法可以预测人体生理年龄。

在时序建模方面，深度学习模型的预测能力也能够发挥巨大的效果[41]。上述针对健康人的年龄预测建模属于时序建模的一种应用。而时序建模最重要的应用场景，在于生物医学中的疾病早期预测以及生存结局分析等。尤其是针对癌症等重要疾病，早期的预测模型显得尤为重要，因此结合基因组、微生物组、代谢组甚至影像组的多组学时序模型，其价值越来越被挖掘和认可。举例来说，已经有大量的工作通过结合微生物组和代谢组来预测消化系统[42]、免疫系统[43]、呼吸系统[44]等方面的疾病；通过结合微生物组和影像组，已经有面向消化系统如结直肠癌早筛早查的工作。

总而言之，以微生物组为中心的多组学研究已经被越来越多地应用于微生物群落相关疾病模型的建立，而深度学习助力于微生物组为中心的多组学研究，将在状态预测和时序建模等方面发挥重大作用。

3.3.2　在微生物组研究中的人工智能方法

1. 测序数据质量控制的人工智能方法

高通量测序数据的质量控制包括低质量序列的去除及污染序列的去除，下面只涉及污染序列的去除。传统上，针对高通量测序数据的质量控制，是基于参考序列比对的[45]，但是这样无法鉴定和去除来自未知污染源物种的污染序列。更为严重的是，基于参考序列比对的方法，严重依赖于参考数据库的完整性，否则会造成高通量测序数据质量控制结果参差不齐，可重复性较差，难以标准化[46]。基于聚类和人工智能分析的高通量测序数据的质量控制比传统方法有更优的效果。首先，基于聚类和人工智能判断，可以更好地区分出目标测序对象和来自未知污染源物种的污染序列。其次，基于人工智能的方法具有较好的可重复性。最后，此类基于人工智能的质量控制模型将会随着质量控制分析流程的使用变得越来越精准[46]。

2. 物种鉴定的人工智能方法

操作分类单元是鉴定微生物物种的基本单位，是以序列相似度为标准划分的序列集合，鉴定最基础的物种，其序列相似性阈值通常被设定为97%。去噪扩增序列变异(amplification sequence variation, ASV)是一种新的物种鉴定基本单元，主要被DADA2[47]等方法使用。在基于扩增序列变异的物种鉴定方法中，通过机器学习的方式统计特定质量值下位点发生真实变异的概率λij，判断序列i(扩增子)是否来自j(模板，丰度最高的序列)。之后再校正所有被判定为测序错误的位点，采用分裂分割算法进行最后的聚类：将所有序列作为一个分割(partition)，丰度最高的序列为中心，处于分割中的序列都与中心序列进行比较，计算丰度p值(p值是在位点变异率λij基础上计算获得整条序列是来自模板序列的可能性标准)，当最小的p值小于阈值，则划分为新的分割，所有序列和新的中心序列进行比较，不断划分，直到不能再划分即所有序列都有与之对应的分割为止。

3. 多组学相关性分析的人工智能方法

微生物群落并非独立存在的个体集合，而是相互连接的多群落集合。它们之间存在广泛的信息交流和相互作用、相互协作、共同进化。另外，微生物与宿主之间也会相互影响，研究表明微生物对其宿主的发育、代谢、体内平衡和免疫发挥关键作用。目前已经将微生物群落的失衡和许多宿主的不良反应联系起来，包括腹泻、糖尿病、结直肠癌、炎症性肠病、肠易激综合征和肥胖症等。

对于微生物群落和疾病的相关性研究有着丰富的相关性计算方法，Pearson、Spearman、Bray－Curtis 是应用最为广泛的。基于研究目标得到相关性之后，相关性网络常被用作可视化根据，在网络分析中可以分析成员间多方面相互作用的复杂生物系统，展示微生物群中的相互作用及其在健康、疾病和发展中的作用。目前研究人员针对微生物的网络分析开发了许多计算方法，例如 CoNet、LSA、MENA、Dice index method、SparCC 以及 SPIECEASI 等。

4. 功能基因挖掘的人工智能方法

基于微生物组大数据的功能基因挖掘，是当前新基因资源发掘方面尤为重要的一个内容（图 3.8）。这里引入微生物组“暗物质”的概念，主要类型包括：超过一百万个微生物群落可以居住的环境相关生物群落；超过一百万种物种，包括细菌、古菌、病毒和原生生物；超过 10 亿个功能基因；以及无数的动态生态和进化模式。所有这 3 种类型的微生物组暗物质，均需要通过人工智能的方法才可以较好地挖掘与分析[48]。

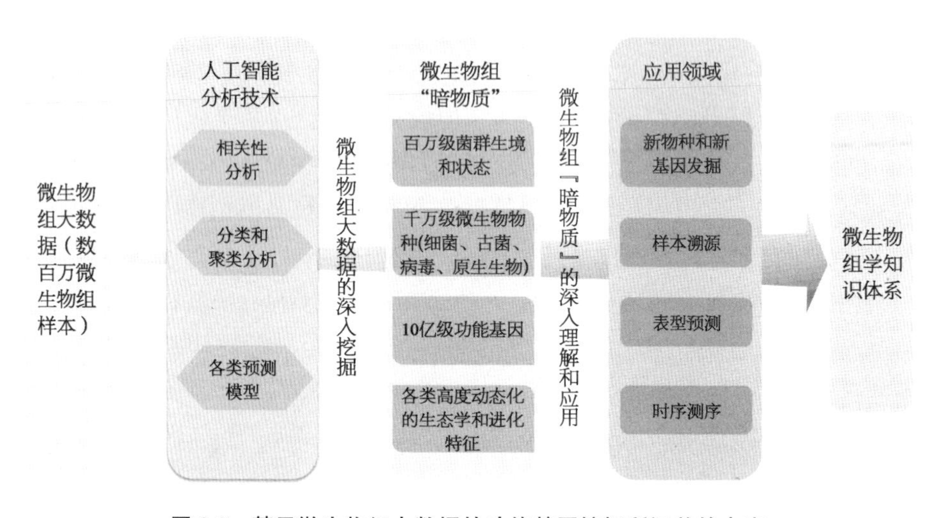

图 3.8　基于微生物组大数据的功能基因挖掘所涵盖的内容

从数以百万计的微生物组样本到微生物组知识，有 3 个关键步骤，包括人工智能和微生物组分析工具的开发、待挖掘的微生物组“暗物质”集以及无数的应用程序。其中，微生物组“暗物质”代表有待发现的核心资源和知识。

针对微生物组暗物质的微生物组大数据挖掘方法类型复杂，以下通过若干典型方法的介绍，让读者对相关方法有一个了解。

antiSMASH 是基于规则的聚类，包含一种新型的生物合成基因簇(biosynthetic gene cluster，BGC)预测方法[49]，主要通过其核心生物合成酶识别 45 种不同类型的次级代谢产物生物合成途径。

DeepARG 方法是一种新型的抗生素抗性基因挖掘方法[14]，使用所有已知的抗生素抗性基因类别创建不同的矩阵。分别针对短读长序列和全基因长度序列构建了 2 种深度学习模型：DeepARG - SS 和 DeepARG - LS。随着越来越多的数据可用于表示抗生素抗性基因类别，由于底层神经网络的性质，DeepARG 模型的性能有望进一步提高。最新开发的抗生素抗性基因数据库 DeepARG - DB 包含高度可信的预测抗生素抗性基因和广泛的手动检查，极大地扩展了当前的抗生素抗性基因存储库。

ONN 系列方法是功能基因挖掘方面具有普适性优点的方法。尤其是针对具有层级结构组织形式的功能基因，如抗生素抗性基因或者功能酶基因(enzyme)，ONN 能够发掘数据库中暂未记录的新功能基因。具有层级结构组织形式的数据在生物信息领域非常普遍，例如物种进化关系(phylogeny)、基因本体(gene ontology)、功能酶基因(enzyme)、抗生素抗性基因等。各类本体数据库以及整合本体数据库[EMBL-EBI Ontology Lookup Service(https://www.ebi.ac.uk/ols/index)]蓬勃发展，提供了大量生物相关本体知识。而在微生物组研究领域，绝大多数生物学知识也是通过本体组织起来的：面向物种的进化关系，面向基因功能的基因本体，面向抗性基因的抗生素抗性基因专用本体(ARG ontology)等。

3.3.3　人工智能应用实例

仅以人体微生物群落为研究对象，其相关的微生物组包含约 100 万亿个生物体，其遗传物质是人类基因组的 200 多倍，具有极高的复杂性。目前，在人工智能和先进的计算机硬件的支持下，已经在识别人体生物群系中的微生物、检测人眼不可见的模式和变化，并分析其相互作用等广泛的实际应用中实现了跨越式的知识发现。

1. 微生物群落溯源

微生物无处不在，一个微生物群通常包含成百上千种微生物。科学家想要更详细地研究影响人类健康的未知生态过程，需要了解这些生物体的来源以及如何形成群落，溯源方法就可以满足这个需求，得到来自各个部位的微生物群百分比。如果可以知道微生物的来源信息，医生可以判定婴儿的菌群来自母体遗传还是环境；研究人员可以检测水体污染的来源。微生物群落溯源问题，传统上是通过贝叶斯推断[24]或者最大期望算法（expected-maximization, EM）等方法开展。此类方法属于无监督学习方法，对于来自样本量较多生境的样本预测能力较好，然而对来自小样本生境的样本预测能力较为有限。

Shenhav 等[50]于 2019 年提出了 FEAST 方法，打破了此前工具主要针对较小的数据集，或者只能分析被认为是有害污染物的特定微生物的限制。FEAST 可以处理更大的数据集，并提供更完整的微生物概述及来源，速度也提升 300 倍，预测准确性非常高[50]。可以应用于医疗保健、公共卫生、环境研究和农业，极大地提高了处理大量遗传信息的速度。

人工神经网络（neural network, NN）也是一种较好的微生物群落溯源方法[51]。人工神经网络方法属于监督学习的方法，核心在于建模，优势在于溯源速度快、准确性高。基于人工神经网络方法的微生物群落样本溯源，其核心思想是利用训练数据（包括测试数据和对照数据）构建能够较好区分来自不同源头的微生物组样本的人工神经网络模型，然后利用测试数据优化模型。其中的人工神经网络模型通常是多层的，体现出来自不同源头的微生物组样本的聚类特征，利用人工神经网络方法进行微生物群落溯源，可以有效提高准确性、速度和广谱性[51]。

迁移学习能够在人工神经网络溯源方法的基础上进一步提高针对来自研究量较少的生境的样本预测能力[51]。其主要分析流程是：利用已有模型，通过迁移模式对新数据中的样本进行分类和预测，主要可以用于基于微生物组的样本分类、疾病预测、时序建模等[8]。尤其关键的是，利用迁移学习技术可以将适用于一个微生物组数据集上的样本分类器用于另一个数据集中的样本分类[8]，因此特别适用于不同民族、地区、年龄微生物组数据集之间的模型迁移和知识发现。针对微生物组样本溯源问题，迁移学习能够将用于水体环境菌群样本溯源的模型迁移到土壤环境样本溯源问题中[51]；可以将针对成年人肠道菌群的样本溯源的模型迁移到婴幼儿或者老年人的样本溯源问题中[52]；甚至可以把一类地域人群疾病相关菌群的样本溯源的模型迁移到另一个地域人群疾病相关菌群的样本溯源的问题中。因此，迁移学习的方法是针对微生物组样本溯源问题的一个较为优化的方法。

2. 微生物群落预测年龄和生死

研究表明，肠道微生物组会随着年龄的增长而变化，甚至会加速成年人的衰老。但是，肠道微生物组与其他身体部位相比是否有着更加显著的年龄相关性？通过微生物来预测人的实际年龄是否可行？对于这些问题尚未有定论。

有研究发现在预估人死于 15 年内的可能性上，肠道菌群竟然比人体自身基因有着更高的准确性。科学家用菌群基因组和人体自身基因组分别预测结肠癌、高血压和肥胖等受环境影响较大的疾病，发现对于绝大多数复杂疾病的预测，菌群基因组都表现为更优的性能(糖尿病除外)。在另一项工作中，采集了 7 211 个芬兰人的肠道微生物，发现其可以较为准确地预测人 15 年内死亡的概率。另外，一项结合了来自中国、美国等不同国家的几项大型队列研究，收集了来自肠道、口腔、皮肤的近 9 000 个微生物组样本(年龄为 18～90 岁)，基于这些数据对随机森林回归模型进行优化、训练和测试，获得微生物组与年龄之间的关系，以此来确定哪个身体部位可以最准确地预估人的实际年龄。结果表明，在 3 种来源的微生物组中，皮肤微生物组预测年龄的准确性最高，其次是口腔，最后是肠道微生物。皮肤微生物之所以最为准确可能是由于年龄的增长，皮肤生理经历了明显的变化，比如皮肤含水量减少，皮肤变得更加干燥[53]。该研究通过微生物构建随机森林模型预测实际年龄，为进一步研究微生物组在加速或减缓衰老过程中的作用，及在与年龄相关的疾病易感性中的作用奠定了基础，并有助于开发潜在的微生物靶向治疗策略，延缓衰老[53]。

3. 基于微生物群落的药物设计

Chen 等[54]总结了近年来在肝细胞癌患者及临床前模型中获得的大量多组学数据，并讨论了如何将这些大数据应用于肝细胞癌的治疗药物及生物标志物的开发，以及如何结合人工智能技术助力多组学的大数据分析[54]。Sahoo 等[55]在 2021 年构建了一种人工智能辅助的炎性肠病治疗靶点发现方法，鉴定发现了 PRKAB1 在肠道屏障功能中的保护性作用，并可作为炎性肠病治疗靶点。研究者引入了小鼠及类器官模型，验证了 PRKAB1 激动剂的疗效。另外，利用该模型验证 5 种已获批炎性肠病治疗药物及 16 种临床试验失败药物时，也能准确地预测药物的临床试验成败[55]。

Stokes 等[56]运用人工智能技术得到了名为 Halicin 的抗生素。用 Halicin 对老鼠进行实验，证明了该抗生素的广谱疗效。进一步用训练好的模型在一个更大的化合物分子库中挑选可能具有大肠杆菌抑制性的分子（测试多达一亿种化合物），经过进一步分析，找到了 8 种和已知抗生素完全不一样的潜在抗生素[56]。

4. 疾病早期预测

血液中的微生物 DNA 对于癌症的诊断具有很大潜力，或能作为游离肿瘤 DNA 检测的补充手段，用于癌症的诊断和监测[57]。Poore 等[57]使用 TCGA 肿瘤数据库中来自 10 000 多名患者的 17 000 份样本，分析了 33 种类型癌症的数据。研究者们使用了包括独立训练的人工智能模型在内的多种算法对这些样本中的微生物序列过滤、归一化和分类。最终将能确定为某一个特定属的非人源序列数据用于机器学习模型训练，以辨别不同的癌症类型、同一癌症类型的不同阶段，以及区分肿瘤和正常组织。总体而言，这些模型在辨别癌症类型以及区分癌症和正常组织上表现良好，但是在区分同一癌症不同阶段上表现出一定的差异。他们的研究表明血液中的微生物 DNA 或可用于区分癌症类型[57]。

5. 微生物群落与影像学

微生物群落相关的医学图像研究对于疾病的早期诊断具有重大意义。之前的研究表明，将人工智能应用到腺瘤的检测可以提高检出率，虽然此检出结果和医生经验的相关性尚且没有明确的解释[58]。Wang 等[59]开展了一项随机试验，对照组为 10 名非专业内镜医生对 40～80 岁的受试者使用高清晰结肠镜进行筛查/监测/诊断性结肠镜检查，试验组在对照组基础上加入实时深度学习计算机辅助检测。该研究结果发现，对于经验较少的内镜医师，计算机辅助检测可增加其检出率[58]。在另一项工作中，研究者开发了基于深卷积神经网络模型的人工智能算法，对临床录制的肠镜视频进行学习，最终实现了高准确率区分息肉和腺瘤的目标[60]。

6. 新酶的人工智能“计算”

酶的本质是蛋白质，是生物催化技术中的核心。蛋白质的生物学功能很大程度是由其三维结构确定的，所以结构预测是了解酶功能的重要途径。此前，蛋白质折叠问题被 *Science* 列为 125 个最为重大的科学问题之一。

近年来，随着计算机科学、计算化学、生物信息学等多学科的进步，新型功能酶的蛋白质结构预测方法和计算设计策略迅速发展。2016 年，*Nature* 发表了一篇重要的综述《全新蛋白质设计时代来临》[61]。同年，*Science* 也将蛋白质计算机设计列为年度十大科技突破之一[62]。2017 年，人工智能设计新型蛋白质结构被美国化学会列为化学领域八大科研进展之首，来自美国、瑞士等国的多个科研团队都在研究该方向，并在 *Nature*、*Science* 等顶级学术期刊上发表文章[62]。

总而言之，我们已经看到了通过人工智能方法辅助基于微生物组的疾病，甚至癌症的预测[63]，基于微生物组序列的蛋白结构预测[64]，以及基于微生物组的合成生物学设计[65]。随着微生物组大数据的爆炸式增长，相关科学问题的广度和深度不断拓展，人工智能赋能微生物组大数据挖掘的方法和应用会层出不穷。

3.4　微生物组数据挖掘的瓶颈问题及应对策略

随着微生物组研究的不断扩展和深入，相关的大数据挖掘方法层出不穷。然而，微生物组大数据挖掘主流方法目前均面临着瓶颈问题，对深度学习方法具有重大需求。

3.4.1　微生物组大数据挖掘瓶颈

当前微生物组大数据挖掘在瓶颈问题和对深度学习的需求方面，具有以下特点：

第一，微生物组大数据具有海量异质性的特点，而传统基于相关性和差异性分析的主流方法难以挖掘隐藏的深刻规律。传统的多组学分析和标志物种鉴定，通常采用线性拟合方法，因此难以捕获多组学之间非线性的关联关系。

第二，微生物组大数据具有多来源的特点，因为样本批次效应、元数据缺失等造成的分析缺陷是大数据研究，特别是微生物组大数据研究中不可避免的问题，导致传统方法难以处理因为样本批次效应、元数据缺失等造成的分析缺陷。然而，传统方法由于主要依赖于线性方法和传统统计学方法，因此很难矫正此类效应。

第三，微生物组大数据具有小样本大数据的特点，样本量很少，但是每个样本的特征数很多，导致了样本比较和生物标志挖掘方面的瓶颈。小样本大数据的特点是大数据分析方面典型的问题，尤其是微生物组单个样本具有上千甚至上万个特征（物种或者功能基因），而一次分析涉及的样本量却很难达到这个程度，因此迫切需要适应小样本大数据的数据挖掘方法。

第四，纵向时序范围内的微生物组大数据具有多变性特点，传统线性分析方法难以发掘其动态变化规律。微生物群落时序数据本身由于受到饮食、环境、节律等因素影响，具有非线性的变化规律。传统的线性方法无法捕捉到这种变化规律，而必须借助基于人工智能的非线性分析方法才能发掘潜在的变化规律。

第五，时空方位内的微生物组大数据，尤其是多中心多队列微生物组大数据，包含非线性的关联关系，传统建模方法所建立的模型难以预测群落发展规律。微生物群落时序数据本身由于受到饮食、环境、节律等因素影响，具有非线性的变化规律。因此必须依赖于人工智能方法，才能够针对微生物组大数据，尤其是多中心多队列微生物组大数据，建立非线性模型，预测群落发展规律，服务于疾病预测、环境监控等多种应用领域。

针对微生物组大数据的人工智能挖掘方法不同于传统的组学数据分析方法（图3.9）。具体而言，传统的组学数据分析方法主要包括线性回归分析、数据库搜索、传统统计分析等，适用于分析较少样本量的数据，而且效率不高，无法发掘新的知识。而人工智能挖掘方法主要包括非线性相关性建模、分类和聚类分析、监督和非监督模式下的预测建模等方法，适用于分析大规模样本数据，不仅效率高，而且能够发现新知识。本章接下来的内容，就是针对具体的微生物组研究对象，介绍针对微生物组大数据的人工智能挖掘方法。

3.4.2 微生物组大数据挖掘瓶颈问题的应对策略

当前微生物组大数据挖掘领域面临着若干瓶颈问题，主要包括大数据处理瓶颈、异质性数据整合分析瓶颈、功能基因挖掘瓶颈和模型预测性瓶颈等。

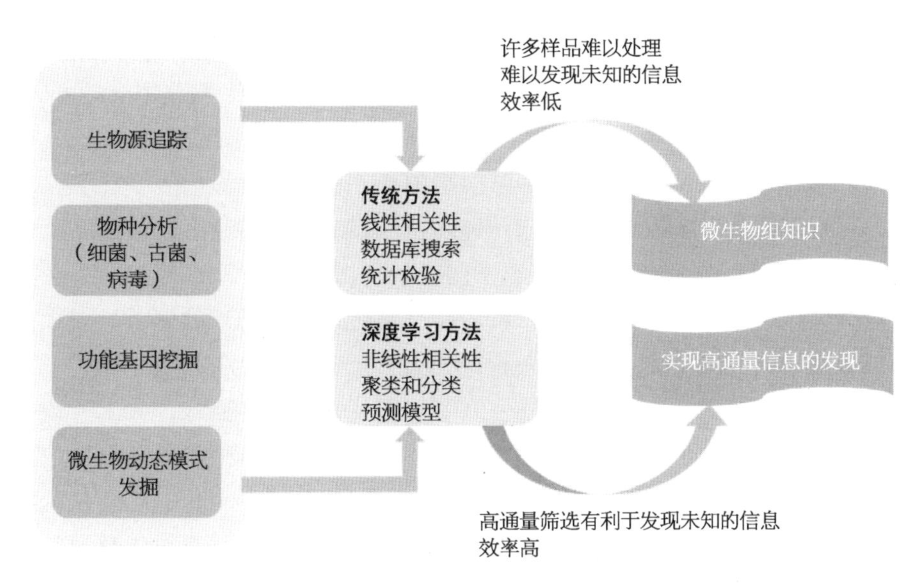

图 3.9　传统方法和深度学习方法对微生物组数据进行特征挖掘的比较

针对微生物组大数据的人工智能分为传统方法和深度学习方法，传统方法分析可以获取微生物组知识，但是存在样本难以处理、难以发现未知信息、效率低的限制。深度学习方法采用高通量的筛选有利于发现未知信息，实现高通量信息的挖掘。

针对大数据处理瓶颈，目前的人工智能分析方法必须结合高性能计算方法，才能够实现既快又准的建模和预测。举例来说，EBI MGnify 数据库[66]中目前存储的微生物组样本量超过 200 万个，数据量远超过 10 PB。如果用现有的人工智能建模方法来建立涵盖所有样本的模型（如样本溯源模型），其计算成本、时间成本和人力成本可想而知。因此，目前针对微生物群落大数据挖掘的人工智能分析方法绝不仅仅是只有分析工具就可以完成的事情，而是需要大量的高性能计算资源。

针对异质性数据整合分析瓶颈，目前已有的神经网络算法、生成对抗网络算法、迁移学习方法等，均在小规模数据上被证明对异质性微生物组大数据分析有效，能够较好地减轻批次效应等因素的影响，其广谱有效性还需要在更大规模数据上进行测试。

针对功能基因挖掘瓶颈，分层预测可能是一个有效的解决方案，然而其有效性也需要更多测试。另一方面，对于完全未知的功能基因如何进行预测，目前还是非常有挑战的一个问题。一个极好的方法是利用除了序列外的其他基因特征（如蛋白结构域特征）来发掘新类型的功能基因。另一个潜在的解决方法是通过干湿结合方法，不断摸索功能基因在序列和结构方面的特征，发掘新类型的功能基因。

针对模型预测性瓶颈，非线性的多组学整合与预测模型构建将会是方向，然而如何构建具有准确性、鲁棒性、普适性的预测模型，其挑战性也非常大，专家知识(expert knowledge)可能是该模型中必不可少的核心内容。迁移学习技术可以理解为把适用于某一个数据集的专家知识，迁移到另一个或多个数据集上[67]。另一类专家知识是基于不同组学数据之间的复杂对应关系，在一定范围内也有一定效果。然而，如果是针对底层数据和已知数据差异较大的数据集，预测模型的构建问题还是一个开放性的问题。

最后，干湿实验的结合才是微生物组知识发现的最终路线。人工智能模型的主要缺陷在于：它是一个模型，本身有一些参数，没有通过足够实验数据校正和检验，跟现实有差距，不能取代真实数据的验证。只有把人工智能模型和湿实验有机结合，才能真正解决这个问题。通过主动学习或强化学习的方式，通过人工智能模型规划，有选择性地做实验，形成干湿实验闭环验证，是实现微生物组知识发现的必经之路。

总而言之，当前人工智能解决方案已经渗透到微生物组大数据分析的各个环节以及核心应用领域，并且发挥着巨大的作用。可以预期的是，随着人工智能方法开发和应用的互相促进，微生物组研究将会更加深入和深刻，揭示出微生物群落中蕴含的生态和进化等深刻规律，发掘出重要生物和医疗资源。

小结

微生物组数据与传统大数据一样具有数据量大、种类多、价值密度低、增长速度快等特点，所以大数据技术和机器学习技术对于微生物组学数据的整合和深入分析非常适用。目前许多机器学习方法已经被成功应用于微生物组数据的挖掘，极大地推进了该领域的进一步发展。然而，微生物数据挖掘研究在数据整理和挖掘方法方面还需要不断完善和进步。另外，微生物大数据具有海量、异质性的特点，而传统基于相关性和差异性分析的主流方法难以挖掘隐藏的深刻规律；数据来源广泛而传统方法难以处理因为样本批次效应、元数据缺失等造成的分析缺陷；样本量很少，但是每个样本的特征数很多等依旧是微生物组数据挖掘方面的重要瓶颈问题。随着人工智能方法开发和应用的互相促进，这些瓶颈问题也会逐渐得到有效解决，微生物组研究将会更加深入和深刻，揭示出微生物群落中蕴含的生态和进化等深刻规律与重要生物和医疗资源。

总之，以微生物组为中心的多组学研究已经被越来越多地应用于微生物群落相关疾病模型的建立，而深度学习助力于微生物组为中心的多组学研究，将在状态预测和时序建模等方面发挥重大作用。

参考文献

[1] 蒋兴鹏，胡小华.微生物组学的大数据研究.数学建模及其应用，2015，4(3)：6－18，81.

[2] 林立.人工智能(AI)在计算机上的应用.数字技术与应用，2012(4)：74.

[3] 肖博达，周国富.人工智能技术发展及应用综述.福建电脑，2018，34(1)：98－99，103.

[4] 殷倩倩，申鑫欣，夏祎.大数据背景下机器学习在数据挖掘中的应用.数字技术与应用，2022，40(5)：21－23.

[5] 闫超，相晓嘉，徐昕，等.多智能体深度强化学习及其可扩展性与可迁移性研究综述.控制与决策，2022，37(12)：3083－3102.

[6] Chen C. Intelligence moderates reinforcement learning: a mini-review of the neural evidence. J Neurophysiol, 2015, 113(10): 3459－3461.

[7] 丁津津，邵庆祝，齐振兴，等.基于迁移学习的卷积神经网络电网故障诊断.科学技术与工程，2022，22(14)：5653－5658.

[8] Pan S J, Yang Q. A survey on transfer learning. IEEE Trans Knowl Data Eng, 2010, 22(10): 1345－1359.

[9] 方陵生.超级计算机复制人类大脑：记神经学家亨利·马克拉姆团队的人脑工程构想.世界科学，2013(8)：34－38.

[10] A new chip cluster will make massive AI models possible. (2021－08－25) [2022－09－20]. https://www.wired.com/story/cerebras-chip-cluster-neural-networks-ai/. 2021.

[11] 王哲，范振锐，唐宇佳.2021年中国人工智能产业发展形势展望.机器人产业，2021(2)：18－27.

[12] 黄思敏.高性能计算在人工智能中的应用.电子技术与软件工程，2018(12)：254.

[13] Park W J, Park J B. History and application of artificial neural networks in dentistry. Eur J Dent, 2018, 12(4): 594－601.

[14] Arango-Argoty G, Garner E, Pruden A, et al. DeepARG: a deep learning approach for predicting antibiotic resistance genes from metagenomic data. Microbiome, 2018, 6(1): 23.

[15] Chong H, Zha Y G, Yu Q Y, et al. EXPERT: transfer learning-enabled context-aware microbial community classification. Brief Bioinform, 2022, 23(6): bbac396.

[16] Li R F, Wijma H J, Song L, et al. Computational redesign of enzymes for regio- and enantioselective hydroamination. Nat Chem Biol, 2018, 14(7): 664－670.

[17] Simons K T, Kooperberg C, Huang E, et al. Assembly of protein tertiary structures from fragments with similar local sequences using simulated annealing and bayesian

scoring functions 1. J Mol Biol, 1997, 268(1): 209 - 225.
[18] Xu D, Zhang Y. Ab initio protein structure assembly using continuous structure fragments and optimized knowledge-based force field. Proteins, 2012, 80(7): 1715 - 1735.
[19] Yang J Y, Yan R X, Roy A, et al. The I-TASSER Suite: protein structure and function prediction. Nat Methods, 2015, 12(1): 7 - 8.
[20] Senior A W, Evans R, Jumper J, et al. Improved protein structure prediction using potentials from deep learning. Nature, 2020, 577(7792): 706 - 710.
[21] Liu Y X, Qin Y, Guo X X, et al. Methods and applications for microbiome data analysis. Yi Chuan, 2019, 41(9): 845 - 862.
[22] 李爱玲,宋健.生物标志物分类及其在临床医学中的应用.中国药理学与毒理学杂志,2015,29(1): 7 - 13,20.
[23] Clos-Garcia M, Andrés-Marin N, Fernández-Eulate G, et al. Gut microbiome and serum metabolome analyses identify molecular biomarkers and altered glutamate metabolism in fibromyalgia. EBioMedicine, 2019, 46: 499 - 511.
[24] Knights D, Kuczynski J, Charlson E S, et al. Bayesian community-wide culture-independent microbial source tracking. Nat Methods, 2011, 8(9): 761 - 763.
[25] Simpson J M, Santo Domingo J W, Reasoner D J. Microbial source tracking: State of the science. Environ Sci Technol, 2002, 36(24): 5279 - 5288.
[26] Greenberg J, Price B, Ware A. Alternative estimate of source distribution in microbial source tracking using posterior probabilities. Water Res, 2010, 44(8): 2629 - 2637.
[27] Jo H H, Lee B H, Hiraoka T, et al. Copula-based algorithm for generating bursty time series. Phys Rev E, 2019, 100(2/1): 022307.
[28] Santacroce L, Man A, Charitos I A, et al. Current knowledge about the connection between health status and gut microbiota from birth to elderly. A narrative review. Front Biosci (Landmark Ed), 2021, 26(6): 135 - 148.
[29] Kim H, Jo H H, Jeong H. Impact of environmental changes on the dynamics of temporal networks. PLoS One, 2021, 16(4): e0250612.
[30] Lan L, You L, Zhang Z Y, et al. Generative adversarial networks and its applications in biomedical informatics. Front Public Health, 2020, 8: 164.
[31] Buza T M, Tonui T, Stomeo F, et al. iMAP: an integrated bioinformatics and visualization pipeline for microbiome data analysis. BMC Bioinform, 2019, 20(1): 374.
[32] Yi X, Walia E, Babyn P. Generative adversarial network in medical imaging: a review. Med Image Anal, 2019, 58: 101552.
[33] Sun Q R, Liu Y Y, Chen Z Z, et al. Meta-transfer learning through hard tasks. IEEE Trans Pattern Anal Mach Intell, 2022, 44(3): 1443 - 1456.
[34] Karczewski K J, Snyder M P. Integrative omics for health and disease. Nat Rev Genet, 2018, 19(5): 299 - 310.
[35] Bobb J F, Valeri L, Claus Henn B, et al. Bayesian kernel machine regression for

estimating the health effects of multi-pollutant mixtures. Biostatistics, 2014, 16(3): 493 - 508.

[36] Currie G, Hawk K E, Rohren E, et al. Machine learning and deep learning in medical imaging: intelligent imaging. J Med Imag Radiat Sci, 2019, 50(4): 477 - 487.

[37] Kulkarni S R, Rajendran B. Spiking neural networks for handwritten digit recognition — supervised learning and network optimization. Neural Netw, 2018, 103: 118 - 127.

[38] Uddin S, Khan A, Hossain M E, et al. Comparing different supervised machine learning algorithms for disease prediction. BMC Med Inform Decis Mak, 2019, 19(1): 281.

[39] Momeni Z, Hassanzadeh E, Saniee Abadeh M, et al. A survey on single and multi omics data mining methods in cancer data classification. J Biomed Inform, 2020, 107: 103466.

[40] Khorraminezhad L, Leclercq M, Droit A, et al. Statistical and machine-learning analyses in nutritional genomics studies. Nutrients, 2020, 12(10): 3140.

[41] McNeish D, Bauer D J, Dumas D, et al. Modeling individual differences in the timing of change onset and offset. Psychol Methods, 2023, 28(2): 401 - 421.

[42] Mayer E A, Collins S M. Evolving pathophysiologic models of functional gastrointestinal disorders. Gastroenterology, 2002, 122(7): 2032 - 2048.

[43] Jones E, Sheng J M, Carlson J, et al. Aging-induced fragility of the immune system. J Theor Biol, 2021, 510: 110473.

[44] Thelen B, French N H F, Koziol B W, et al. Modeling acute respiratory illness during the 2007 San Diego wildland fires using a coupled emissions-transport system and generalized additive modeling. Environ Health, 2013, 12: 94.

[45] Bioinformatics B. FastQC a quality control tool for high throughput sequence data. (2023 - 01 - 03) [2023 - 02 - 01]. http://www.bioinformatics.babraham.ac.uk/projects/fastqc/.

[46] Knight R, Vrbanac A, Taylor B C, et al. Best practices for analysing microbiomes. Nat Rev Microbiol, 2018, 16(7): 410 - 422.

[47] Callahan B J, Mcmurdie P J, Rosen M J, et al. DADA2: high-resolution sample inference from Illumina amplicon data. Nat Methods, 2016, 13(7): 581 - 583.

[48] Jiao J Y, Liu L, Hua Z S, et al. Microbial dark matter coming to light: challenges and opportunities. Nat Sci Rev, 2020, 8(3): nwaa280.

[49] Blin K, Shaw S, Steinke K, et al. antiSMASH 5.0: updates to the secondary metabolite genome mining pipeline. Nucleic Acids Res, 2019, 47(W1): W81 - W87.

[50] Shenhav L, Thompson M, Joseph T A, et al. FEAST: fast expectation-maximization for microbial source tracking. Nat Methods, 2019, 16(7): 627 - 632.

[51] Kim M, Choi C Y, Gerba C P. Source tracking of microbial intrusion in water systems using artificial neural networks. Water Res, 2008, 42(415): 1308 - 1314.

[52] Pannaraj P S, Li F, Cerini C, et al. Association between breast milk bacterial communities and establishment and development of the infant gut microbiome. JAMA Pediatr, 2017, 171(7): 647 - 654.
[53] Galkin F, Aliper A, Putin E, et al. Human gut microbiome aging clock based on taxonomic profiling and deep learning. iScience, 2020, 23(6): 101199.
[54] Chen B, Garmire L, Calvisi D F, et al. Harnessing big 'omics' data and AI for drug discovery in hepatocellular carcinoma. Nat Rev Gastroenterol Hepatol, 2020, 17(4): 238 - 251.
[55] Sahoo D, Swanson L, Sayed I M, et al. Artificial intelligence guided discovery of a barrier-protective therapy in inflammatory bowel disease. Nat Commun, 2021, 12(1): 4246.
[56] Stokes J M, Yang K, Swanson K, et al. A Deep Learning Approach to Antibiotic Discovery. Cell, 2020, 180(4): 688 - 702.e13.
[57] Poore G D, Kopylova E, Zhu Q Y, et al. Microbiome analyses of blood and tissues suggest cancer diagnostic approach. Nature, 2020, 579(7800): 567 - 574.
[58] Repici A, Spadaccini M, Antonelli G, et al. Artificial intelligence and colonoscopy experience: lessons from two randomised trials. Gut, 2022, 71(4): 757 - 765.
[59] Wang P, Berzin T M, Glissen Brown J R, et al. Real-time automatic detection system increases colonoscopic polyp and adenoma detection rates: a prospective randomised controlled study. Gut, 2019, 68(10): 1813 - 1819.
[60] Byrne M F, Chapados N, Soudan F, et al. Real-time differentiation of adenomatous and hyperplastic diminutive colorectal polyps during analysis of unaltered videos of standard colonoscopy using a deep learning model. Gut, 2019, 68(1): 94 - 100.
[61] Huang P S, Boyken S E, Baker D. The coming of age of *de novo* protein design. Nature, 2016, 537(7620): 320 - 327.
[62] 向华.微生物+人工智能：开启新一代生物制造.(2018 - 06 - 07)[2022 - 02 - 10]. https://www.cas.cn/kx/kpwz/201806/t20180607_4648838.shtml.
[63] Huang S, Haiminen N, Carrieri A-P, et al. Human skin, oral, and gut microbiomes predict chronological age. mSystems, 2020, 5(1): e00630 - e00619.
[64] Yang P S, Zheng W, Ning K, et al. Decoding the link of microbiome niches with homologous sequences enables accurately targeted protein structure prediction. Proc Nat Acad Sci USA, 2021, 118(49): e2110828118.
[65] Lopatkin A J, Collins J J. Predictive biology: modelling, understanding and harnessing microbial complexity. Nat Rev Microb, 2020, 18(9): 507 - 520.
[66] Rodriguez-Tomé P. EBI databases and services. Mol Biotechnol, 2001, 18(3): 199 - 212.
[67] Cai C J, Wang S W, Xu Y J, et al. Transfer learning for drug discovery. J Med Chem, 2020, 63(16): 8683 - 8694.

第4章 微生物组大数据的应用

地球上几乎所有的环境中都存在微生物，微生物群落会受到所处环境的影响，反过来也会对环境产生强烈的反馈效应。尤其是在健康、环境、能源、工程等领域(图 4.1)，微生物群落发挥着重要作用，但是其作用规律和相关机制目前尚未有较为全面和深入的理解[1]。

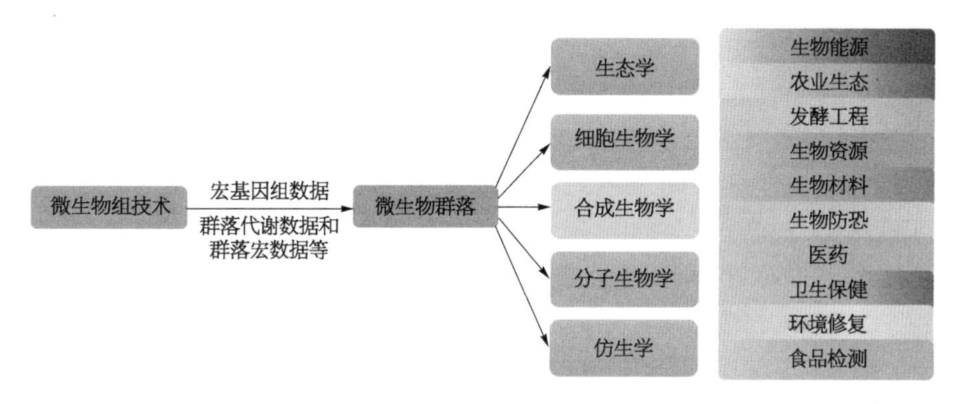

图 4.1　微生物组学研究所涉及的学科以及在各个领域的广泛应用

具体来说，土壤、水源、人体等都寄居着大量的微生物，并且这些微生物大多是以微生物群落形态主动或者被动组织起来的。在特定的条件下，微生物与宿主、微生物与微生物之间相互制约、相互依赖、长期适应从而维持微生态的平衡。对动植物而言，微生物的稳态对于其宿主的健康和发育会产生非常大的影响，但是由于宿主本身的环境差异，发挥作用的菌群往往不同。近年来，随着微生物组研究的不断扩展和深入，对于微生物和宿主之间关系的研究也越来越广泛。从藻类植物、鱼类、爬行类、鸟类到哺乳动物，物种进化树中几乎各个层级都有着大量的微生物组学研究。尤其对于人类微生物群落，传统的将不同人群之间进行比较分析，以及现在逐渐兴起的对疾病相关菌群分析挖掘，尤其是癌症相关菌群都取得了许多研究成果。

除了对不同宿主环境中的微生物群落进行分析之外，对微生物重要功能基因的挖掘和潜在应用发掘也变得愈发重要。比如，许多领域已经从菌群结构的分析转变成菌群结构与菌群功能的综合性分析和分析加干预相结合的规律性挖掘分析。对于微生物重要功能基因的挖掘，已经从传统的抗性基因、生物合成基因等的挖掘，扩展到各种不同功能基因的挖掘分析，由此在各个领域得到广泛应用。例如，在环境研究领域，微生物组数据挖掘为污水处理和环境治理提供了前所未有的新思路；在健康相关工程研究领域，微生物组数据挖掘为基于合成生物学的疾病检测和治疗提供了新的途径，比如乳糖不耐受是常见的消化道问题，加强肠道β半乳糖苷酶(β-galactosidase，β-GAL)的活性以促进乳糖消化是先前研究的主攻方向，但是往往忽略了肠道菌群发酵乳糖产生乳酸所导致的结肠 pH 下降，以及由此引起的肠道β半乳糖苷酶活性降低等问题。之前有研究报道了一种用于构建工程菌株的基因回路，能根据肠道内的乳糖和 pH 信号在促进乳糖消化和消耗乳酸以稳定肠道 pH 两种功能间进行切换，从而有效改善由过量乳糖摄入引起的肠道问题，为干预乳糖不耐受提供新策略[2]。以下将针对微生物组大数据挖掘面向的不同应用，介绍一些较为经典的微生物组研究案例。

4.1 不同宿主环境下的微生物组数据研究

微生物广泛存在于动物体内，与宿主生命活动的开展以及其健康状况等息息相关。近年来，许多研究就各种生物的微生物组数据进行分析，并取得了显著成果，对生物本身以及人类发展需求都具有重要意义。

4.1.1 大黄蜂微生物组研究

大黄蜂是多种粮食作物和本地植物的重要昆虫传粉者，每年有超过 100 万个大黄蜂群用于为番茄和辣椒等高价值温室作物授粉[3]。但是，北美和欧洲都出现了大黄蜂的衰退，其主要变化原因是土地利用变化、杀虫剂、寄生虫和病原体以及重金属[4]。其中由于采矿、燃煤和润滑油生产等造成的硒污染是一个世界性问题，通过降雨或农业灌溉从含硒土壤中浸出硒，生长在硒污染地区的植物会在其花粉和花蜜中积累高水平的类金属，一旦被蜜蜂和其他昆虫传粉者觅食，就会产生毒性。觅食蜜蜂的组织中积累硒已被证明对个体觅食蜜蜂和整个蜂群的健康都是有害的，但是先前的研究表明，昆虫的微生物联合体可以从环境中解毒一些金属。

Rothman 等[5]在 2019 年就环境污染对大黄蜂和其他野生蜜蜂的影响进行了研究。研究将未接种或接种微生物群的大黄蜂暴露于 0.75 mg/L 的硒环境中，发现接种微生物群的蜜蜂比未接种的蜜蜂存活时间明显更长。使用 16S rRNA 基因测序发现，硒酸盐暴露改变了肠道微生物群落组成和特定核心细菌的相对丰度。另外，还在添加硒酸盐的培养基中培养了 2 种核心大黄蜂微生物——*Snodgrassella alvi* 和 *Lactobacillus bombicola*，发现这些细菌在 0.001～10 mg/L 的测试浓度下合成硒酸盐。此外，这些微生物的基因组含有参与硒酸解毒的基因。总之，该研究结果表明，当暴露于硒酸盐时，大黄蜂微生物组略微增加了宿主的存活率，并且核心微生物组内的细菌对实际剂量的硒酸盐具有耐受性。硒酸盐会导致个体精确序列变体（exact sequence variants，ESV）水平上核心微生物的相对丰度发生变化。

通过该研究加深了人们关于硒酸盐对大黄蜂生存影响的认识，但是微生物组诱导硒酸攻击后宿主存活率增加的机制尚不清楚，未来的研究应该围绕细菌共生体在宿主体内代谢和解毒硒酸的能力来开展。另外，许多蜜蜂物种通常会在环境中遇到金属和准金属污染，需要更多的研究来评估其他有毒物质对其微生物的影响。

4.1.2　鱼类微生物组研究

对动物肠道微生物群的理解主要基于对哺乳动物的研究。为了更好地理解动物宿主与本土微生物共生关系的进化基础，有必要研究非哺乳类脊椎动物的肠道微生物群。特别是，鱼类在脊椎动物群中的物种多样性最高，大约有 33 000 种。另外，鱼类是水产养殖的一大重点项目，每年满足了大量水产品的供应需求。近年来，养殖场为了达到更高的产量，高密度养殖、过分投喂饲料等对鱼类的健康造成了非常大的影响。鱼肠道中存在大量微生物，对于维持宿主健康具有重要作用。鱼类免疫系统能够监视并调控肠道微生物组成，维持肠道菌群稳态。同时，鱼类肠道共生微生物可以调节鱼类免疫系统，抑制病原微生物过度增殖，保证宿主健康。所以，鱼类肠道微生物的研究对于免疫调控、塑造肠道菌群，以及益生菌对宿主免疫和肠道菌群的调控等具有重要意义。

近10年来，大家越来越意识到了解脊椎动物和肠道微生物的共同进化对鱼类的广泛分析至关重要。已在一些模型鱼类中对肠道微生物群进行了评估，如比较常见的斑马鱼、孔雀鱼和虹鳟，以及鲤鱼、大西洋鲑鱼、鲟鱼和大西洋鳕鱼等具有较高经济价值的鱼类。但是，这些研究都只针对一类鱼而言，对于全面了解鱼类的肠道微生物以及其共同进化的模式还不足。Kim等[6]在2021年全面表征了227条个体鱼类的肠道微生物群，这些鱼类代表85个物种，它们来自湖泊、溪流和海洋(营养供应、盐度、温度和深度存在明显差异的栖息地)。其目的是实现解决关于鱼类肠道微生物群的长期问题。鱼类的肠道微生物群是由宿主栖息地塑造的吗？鱼类中的遗传因素会影响肠道微生物群的结构吗？如果是，影响程度如何？鱼类的肠道菌群与其他脊椎动物的肠道菌群有何不同？

为了研究环境因素和宿主遗传学对鱼类微生物组组成的影响程度，以及各种因素的相对重要性，研究者使用各种聚类场景的样本内距离探究微生物群落的相似性，发现组内和组间存在显著差异。然而，微生物群落的最大差异来自与宿主栖息地(盐度和采样点)相关的因素，有些群体甚至表现出与这些因素的对比关系。这些结果表明，环境因素，尤其是与栖息地特性相关的因素，会相互作用以塑造鱼类的肠道微生物群。该研究还观察到肠道微生物群落结构与细胞色素c亚基I(CO1)基因中的宿主遗传变异之间存在统计学上的显著关系，但可区分程度没有超过栖息地的可区分程度。考虑到鱼类肠道微生物群的宿主物种特异性，接下来研究了系统共生的存在，或宿主系统发育与肠道微生物群之间的关系。基于CO1基因变异的加权UniFrac距离与宿主遗传相关性的散点图显示，无论宿主之间的系统发育距离如何，鱼类分类群之间肠道微生物群落的差异都是随机分布的，即肠道微生物群落组成的相似性与宿主系统发育距离之间没有显著关联。

这项研究提供了鱼肠道微生物群的全面视图，发现宿主栖息地(淡水与海水)在塑造野生鱼类肠道微生物群落方面具有主导作用，甚至超过了宿主分类和营养水平。此外，从16S rRNA基因序列预测的微生物功能谱主要由宿主栖息地决定。PCoA图中的鱼肠道微生物群与哺乳动物、爬行动物和鸟类等其他脊椎动物的肠道微生物群分开聚集，提高了人们对脊椎动物及其本土微生物群落长期共同进化的理解，为后续其他相似物种的微生物研究提供了新思路。

4.1.3　小龙虾微生物组研究

水产养殖产品是优质、低热量蛋白质的最重要来源之一。随着经济社会的发展，人们对水产品的需求逐渐增高，从而开发了可持续模式，以利用有限的资源和较低的环境影响从水产养殖中生产更多的食物。近年来，多物种的混合养殖成为一大热点方向。但是，由于大多基于经验，缺乏系统的评估协议，其是否有利于可持续发展大多没有定论。因为微生物群落在各种生态系统中起着基本的物质和能量循环驱动作用，根据微生物特征评估不同水产养殖模式的可持续性是必要的。微生物群落水平的水产养殖模式可持续性可以通过群落中微生物的积极相互作用、基因转移的频率，尤其是抗生素抗性基因的频率以及群落承受环境压力的能力来表示和衡量。其中水稻-小龙虾共养模式是提高小龙虾养殖可持续性所提出的一大优势模式，利用共同养殖物种的协同效应贡献了约 90% 的小龙虾总产量。同时，还提高了水稻产量并产生了额外的经济利润。另外，交替用水和减少农药和化学残留物的投入提供了绿色生产环境(如更高的水质、土壤肥力和溶解氧含量)，从而降低了疾病的风险。

Zhu 等[7]在 2022 年评估了小龙虾-水稻共养模型下的微生物特征与其他水产养殖模型有何不同，以及它对周围环境的稳健性。研究在微生物群落的基础上量化了小龙虾-水稻共养模型在多层面的可持续性。从微生物群落的复杂性、网络相互作用以及功能基因，特别是抗生素抗性基因的基因水平转移等多个方面研究了不同培养模型的多界微生物谱。结果表明，来自小龙虾-水稻共养模型的微生物群落具有独特的指示微生物，例如 Shewanella、Ferroplasma、Leishmania 和 Siphoviridae。此外，小龙虾-水稻共养模型微生物在网络中密集且正向连接，表明这些微生物群落对环境压力具有弹性。研究结果进一步表明，细菌、古菌和病毒中的功能基因，尤其是抗生素抗性基因的基因水平转移事件在 RCFP 模型中的频率低于其他水产养殖模型中的频率。尽管小龙虾-水稻共养模型中的微生物群落，尤其是小龙虾肠道中的微生物群落受环境因素，如 pH、ORP、温度和 TN 的影响较小，但它们可以在很大程度上塑造水产养殖环境中的微生物群落。

该研究定量地证实了小龙虾-水稻共养模型的可持续性。根据微生物概况对小龙虾-水稻共养模型的可持续性进行量化，可以更深入地了解不同水产养殖模式中微生物群落之间的联系以及影响这些群落的环境因素，为可持续水产养殖提供了新的见解。

4.1.4 从抗生素耐药性角度研究水稻-小龙虾共养模式

水产养殖在全球人类粮食供应和营养安全方面发挥着至关重要的作用。作为世界上最大的水产养殖国，中国每年的水产养殖产量占全球的60%以上。但由于追求水产品的高产，高密度养殖或投饵过量和抗生素滥用，对水环境造成了水体富营养化等污染。目前，中国已采取多项措施减少和控制水产养殖污染，如大力发展生态友好型水产养殖模式，其中水稻与小龙虾共养是重要的一种[8]。然而，目前尚不清楚水稻与小龙虾共养殖是否仍然是工业化时代最环保的模式之一。水稻与小龙虾共养的生态和环境效应仍然存在很大程度的破坏，需要从不同方面进行定量评估。在工业化时代的水产养殖生态系统中，过度使用抗生素造成的污染不容忽视。抗生素广泛用于水产养殖业的疾病治疗，然而，进入环境的抗生素会引起抗生素耐药性，这对全球公共卫生构成严重威胁。关于单一水产养殖模式中的抗生素抗性基因已有多项研究，重点是通过定量聚合酶链反应技术对少数抗生素抗性基因进行靶向检测，但是从抗生素耐药性的角度来看，水稻-小龙虾共培养是否仍然是最环保的模式仍不清楚。

Ning 等[9]通过宏基因组技术调查了抗生素抗性组谱和微生物群落，解析了在4种不同水产养殖模式(水稻-小龙虾共养模式、螃蟹纯水产养殖模式、小龙虾纯水产养殖模式和蟹-小龙虾共养殖模型)下的水域、沉积物和动物肠道结构，基于多组学和抗生素概况，从抗生素和抗生素抗性基因模式的角度评估了水稻与小龙虾共养殖的生态友好性，并将该模型与其他水产养殖模型进行比较。结果表明，水稻-小龙虾共养模式中的营养水平、抗生素浓度、优势微生物属和抗生素抗性基因模式优于其他3种水产养殖模式(仅螃蟹养殖模式、仅小龙虾养殖模式和蟹-小龙虾共培养模型)。具体而言，与其他水产养殖模式相比，水稻-小龙虾共养模式的抗生素抗性基因多样性显著降低，抗生素抗性基因的潜在风险也较低。营养物和抗生素浓度是塑造抗生素抗性基因模式的重要环境因素，但与环境因素相比，移动基因和细菌群落对抗生素抗性基因增殖和传播的影响更强。该研究加深了人们对淡水养殖生态系统中抗生素抗性基因的认识，并提出水稻-小龙虾共养模式与其他养殖模式相比是一种相对生态友好的水产养殖模式，为进行可持续的水产养殖提供了新见解。

4.1.5　鸡微生物组研究

鸡宿主中的肠炎沙门菌(Salmonella enteritidis，SE)感染对家禽业产生了重大影响：一方面，它会成为共同饲养设施中其他鸡受到感染的污染源；另一方面，人类食用感染的食物具有较高的人畜共患病风险。家禽宿主肠炎沙门菌的肠道携带不会引起实质性的胃肠道疾病并且是无症状的。为了让肠炎沙门菌等病原体在具有竞争性共生微生物组的真核宿主的恶劣肠道环境中定植、存活和持续存在，要么病原体必须改变宿主的分子和细胞功能，要么宿主必须重新编程其对病原体的耐受策略。维持整体肠道稳态环境，需要宿主、微生物群落及其代谢物之间高度全面的相互作用。肠道相关代谢物的组成可以通过宿主之间发生的相互作用来重新塑造。因此，对肠炎沙门菌感染过程中肠道微生物群和肠道相关代谢组学反应的综合分析，将更深入地了解宿主、沙门菌和微生物群落之间的三向相互作用。这将导致在家禽生产中开发新的肠炎沙门菌感染预防和控制策略。

Mon 等[10]在 2020 年研究了在 2 周大蛋鸡中接种肠炎沙门菌后宿主代谢物、常驻肠道微生物群和沙门菌之间发生的三向相互作用，结果揭示了与肠炎沙门菌感染相关的肠道微生物组和代谢物的整体变化。在整个实验感染过程中，不同微生物成员的富集定植突出了肠道微生物群落对沙门菌的反应显著。微生物群落的变化，对由沙门菌-共生相互作用决定的肠道环境内相互关联的预测功能活动的差异调节产生了影响。感染后整个微生物群落的改变也对盲肠相关代谢网络的宿主调节产生连锁反应。研究结果表明，与鸡肠炎沙门菌定植相关的许多代谢物存在差异调节，最显著的是检测到与精氨酸和脯氨酸代谢以及三羧酸循环相关的代谢途径的扰动。

该研究为肠道微生物群和代谢物对鸡肠道携带的沙门菌的贡献提供了重要的新见解。此外，这些结果为进一步研究肠炎沙门菌在鸡体内定植和持久性的分子机制奠定了坚实的基础。

4.1.6　欧洲野兔微生物组研究

对野生动物来说，其健康状况是由身体状况及其免疫性能决定的。最近，有研究表明动物的生理和免疫反应与其肠道微生物群密切相关。肠道微生物组的结构和组成与其宿主共同进化，特别是在饮食策略和肠道微生物群趋同适应方面，但它也可能受到其他因素的影响，如年龄、生活方式或宿主健康状况等。许多对于野生动物的微生物组学研究主要集中在野生动物肠道微生物群的组成和变化上，这取决于环境/外部(如栖息地和饮食)和宿主因素。但是宿主肠道微生物组对野生动物身体状况的影响研究较为缺乏。肠道微生物组结构与健康状况之间关系的研究与死亡率高的野生动物物种特别相关，例如欧洲野兔。Funosas 等[11]旨在评估存在于硬粪便颗粒中的兔肠道微生物群组成与个体命运(生存)之间的潜在联系，并确定来自野外粪便的生物标志物指数作为肠道微生物群功能性能的代表。此外，他们还探索了来自地理上遥远种群的野兔的微生物群。在受控(即捕获的野生个体)和自然条件(即野生种群)下对野兔进行了研究，包括环境(如栖息地、气候等)和宿主特定因素(如亚种、性别和年龄)。

最后的研究结果表明，田间兔群之间的微生物群组成差异很大。这些差异似乎不是亚种驱动的，而是受到环境(可能是饮食或其他未测量的因素)的强烈影响。这些结果可能对伊比利亚半岛的野兔管理产生潜在影响，那里每年有成千上万的兔子释放出来被射击或作为食兔者的额外猎物。这些连续的兔子放养行动通常收效甚微，传统上归因于兔子缺乏对新环境的适应，兔微生物组的功能表现很可能与这种较低的成功放养率有关。

该研究提出了肠道微生物组可能决定饲料资源开发的效率的假设，其也可能是预期寿命的潜在代表，具有管理下降的野生食草动物种群的潜在应用，为后期的研究提供了一个极具潜力的方向。

4.1.7 家畜微生物组研究

在家畜养殖中，猪为人类提供了大部分肉类，也可作为生物医学研究的动物模型。猪的胃肠道中含有数以万亿计的细菌，它们在宿主的新陈代谢、免疫，甚至行为中发挥着至关重要的作用。之前的一些研究表明猪饲料效率、生长和早期断奶与仔猪的腹泻抵抗力和肠道微生物都有着重要关联。但是目前来说，对于这类研究主要还是依赖于部分基因组序列相关的微生物的可用注释信息，而很大一部分微生物基因还缺失注释信息。参考基因以及高质量的微生物基因组是了解特定微生物功能作用和量化它们在肠道微生物组中丰度的重要资源。与 16S rRNA 基因测序存在偏差、灵敏度低、缺乏肠道微生物组功能信息相比，宏基因组测序可用于推断微生物群落的生物学功能，并已逐渐用于检测通过宏基因组关联研究发现肠道微生物组与宿主表型和疾病之间的关联。因此，构建完整的基因目录和完整的基因组目录是肠道微生物组研究的迫切需要。

迄今为止，已经报道了人、狗、猴子、小鼠、大鼠和鸡的肠道微生物组参考基因目录。Chen 等[12]在 2021 年对猪肠道微生物组进行了剖面调查，使用了来自 787 个样本的宏基因组测序数据，其中包括该研究中测序的 500 个样本，以及来自 8 个农场的 8 个不同品种的猪或西方×中国杂交猪种群的 472 个粪便、20 个盲肠腔、6 个回肠腔和 2 个空肠腔内容物。这些猪的性别和年龄各不相同，并在不同的饲养管理条件下饲养。通过深度宏基因组测序跨越广泛的样本来源，产生了一个名为猪综合基因目录(PIGC)的扩展基因目录，其中包含来自 787 个肠道宏基因组的 17 237 052 个完整基因，以 90%的蛋白质同一性聚集在一起，其中 28%是未知蛋白质。使用分箱分析，获得了 6 339 个宏基因组组装基因组(metagenomes assemble genomes，MAGs)，它们被聚类到 2 673 个物种级基因组箱(species-level genome box，SGB)中，其中 86%(2 309 个)物种级基因组箱基于当前数据库是未知的。使用目前的基因目录和宏基因组组装基因组，确定了野猪和商业杜洛克猪肠道微生物组之间的几个菌株水平差异。猪综合基因目录和宏基因组组装基因组为猪肠道微生物组相关研究提供了更多资源。

总的来说，不同动物的生活习性和生存模式千差万别，其微生物群落也具有显著的差异。例如，昆虫和鸟类的肠道较短，微生物群落相对简单；鱼类肠道也并不复杂，然而受到环境影响较大；而陆生动物肠道菌群较为复杂，受到的影响因素也较多。不同宿主环境下的微生物组数据研究，能够发掘物种和基因层面丰富的新功能及核心规律，同时可以发掘肠道微生物介导的宿主和环境动态关系，并直接服务于农业和环境保护等多方面的实际应用。

4.2　人体微生物组数据研究

肠道微生物对人体健康发挥着重要作用。现在的许多研究表明，微生物对人体是把双刃剑，一方面它们可以协助消化食物，调节人体的免疫、代谢功能，但也有可能出现菌群紊乱从而引发一系列疾病，如肠易激综合征、糖尿病、非酒精性脂肪肝等许多慢性疾病的发生都和肠道菌群有着很强的相关性。而且肠道微生物的个体间差异非常大，年龄、性别、饮食、体育锻炼等不同的生活习惯会塑造不同的肠道菌群微生物群落结构，进一步对疾病的发生和发展产生不一样的影响。

在人体健康研究领域，人体微生物群落被视为“人体第二基因组”而受到广泛关注[13]。肠道菌群是当前微生物组研究的主流，在人群特征[14]、动态规律[15]、发展机制等多方面取得了突出成果。其他人体微生物群落的研究也呈现出“百花齐放”的趋势，不论是在皮肤[14]、口腔[16]还是生殖道[17]，微生物和疾病的关系逐渐变得越来越清晰。随着微生物和人体健康相关性研究的深入，许多研究通过比较健康人群和患者的肠道微生物群落，将差异微生物群落作为疾病诊断的标志物，在特定的疾病诊断上发挥着重要作用。近年来，许多研究发现人体的微生物群落本身和刺激响应具有差异，例如对于糖尿病患者，运动和饮食的干预将其作为治疗的有效措施，但是在治疗过程中发现患者存在响应者和非响应者，即在相同的运动和饮食刺激之下，有的患者会有效增强胰岛素敏感能力从而有效缓解病情，但是有些人并不能达到治疗效果甚至会有反向的作用。有研究发现在进行运动和饮食干预之前，患者的微生物群落对于其是响应者还是非响应者具有较高的预测准确性，即可以基于微生物做治疗效果的预测。除了进行疾病的相关研究，微生物还被应用到运动员选拔、提高运动表现等方面。例如，有研究采集了精英运动员和非精英运动员样本，发现其体内存在差异微生物群落，利用差异基因可以预测幼年运动员将来是否会成为精英运动员[18]。在运动表现方面，有研究发现韦荣球菌对于增强耐力型运动员的运动表现具有积极作用。总的来说，微生物分析已经贯穿人体相关研究的各个方面，并且取得了许多成果，但是对于大多数研究都仅限于相关性，对于微生物和疾病、运动、预后诊断等的因果性尚存在许多疑问，进一步的因果性研究将对人体健康发挥重要作用。

在重大公共卫生事件的监控和预测方面，人体微生物群落的研究也变得尤为重要。人体微生物群落的监控被证明能够早期指示传染病的发生和发展[19]。将人体微生物和环境微生物相结合，在公共卫生领域的重大疫情监控、抗性基因污染、季节性流感预测等方面发挥重要作用[20]。

近年来，人体微生物群落和癌症之间的关系也被揭示得越来越清晰。许多研究证明了人体微生物群落在癌症发生发展过程中发挥的重要作用[21]。尤其关键的是，对于包括大肠癌在内的数十种癌症，不论是从癌症组织还是血清样本中，均能够检测出细菌的存在[22]，为基于微生物组实现癌症的早查早筛提供了坚实基础。另外，微生物组与癌症发生发展的机制性研究[21]也证明了其在大肠癌、膀胱癌、黑色素瘤等癌症发展过程中的重要作用，为基于微生物组的癌症治疗提供了新的角度。一些研究基于健康人群和疾病人群的微生物组学差异，实现对疾病的预测。Gupta 等[23]在 2020 年提出了肠道微生物健康指数(gut microbiome health index，GMHI)，这是一个对于健康和疾病进行判别的指标(GMHI>0 代表健康，GMHI<0 代表疾病，GMHI=0 不能判别健康和疾病)。这个指标的基本原理是基于微生物的相似性，即健康样本之间的微生物群落具有相似性。对于疾病样本，其微生物群落的变化存在一致性的趋势，通过大规模队列的比较分别获得满足一定阈值之下的健康人群和疾病人群的特征微生物群，基于这些特征菌群在每个样本中的分布情况来计算得到 GMHI 值，以此来判别该样本是来自健康队列还是疾病队列。所有样本预测完成之后计算预测准确性再去调节前面判定为特征菌的阈值，在各个阈值之下不断重复这个操作，最后可以实现预测准确性的最大值，完成预测模型的构建。该模型可以用于新数据的构建。研究者将 12 种不同类型的疾病与健康样本比较，不管是将各类疾病样本综合为非健康队列，还是具体到各个疾病分别比较都得到了较高的准确性，相比于传统的微生物多样性，其准确性有所提高，而且其计算过程中的每一步都是可解释的，是对传统方法的发展和补充。基于微生物组数据构建疾病预测模型也是近几年来非常热点的方向，并且随着数据的公开和共享打破了数据量小以及成本高的瓶颈，此类模型构建问题可以利用数据库中的公开数据实现大规模数据队列的训练来提高精度。

肠道微生物群因与人体健康密切相关而受到广泛关注[24]，其相关的一些研究为转基因在宿主营养、代谢和免疫中的重要作用提供了新颖的见解[25]。肠道微生物群会产生维生素、氨基酸、短链脂肪酸等生物化学分子，这些分子与人体器官和系统的正常运转有关。之前有研究发现，相比于南美洲和非洲等工业化程度较低的社会，北美和欧洲等工业化社会的人类转基因具有不同的胃肠道微生物谱。另一项研究表明，从非西方国家迁移到美国会导致肠道微生物组多样性和功能丧失，与美国相关的菌株和功能逐渐取代了本地菌株和功能，并且这些影响随着美国居住时间的增加而增加[26]。

肠道微生物群与 2 型糖尿病(type 2 diabetes，T2DM)、动脉粥样硬化、炎性肠病和癌症等许多病理学相关，但大多数研究是基于西方社会或动物模型。迄今为止，只有少数研究调查了非洲人肠道微生物组的组成及其与疾病和健康的关系。非洲人口之间以及非洲和欧洲或美洲群体之间的转基因构成具有差异，但是人们对基因改变在疾病中的作用知之甚少，尤其是非洲人的肥胖和

2 型糖尿病等代谢性疾病。由此，有研究者对来自尼日利亚城市中心的 291 名无亲缘关系的成年人的肠道微生物群进行了分析，描述了样本的肠道微生物群微生物组成，并比较了 2 组的功能通路。结果表明，生活在尼日利亚城市中的非 2 型糖尿病成年人具有特征性的微生物成分，主要由厚壁菌和放线菌组成(约 90%)，2 型糖尿病患者的肠道微生物群中脱硫弧菌属、普氏菌、消化链球菌属、真杆菌属增加。另外，还证实了一些先前报道的发现，例如在糖尿病患者肠道中发现产生丁酸盐的细菌减少。许多因素会影响健康人群和疾病患者中的微生物多样性和组成，包括遗传背景、饮食、旅行和其他微生物的共存，这项工作的发现也说明了研究所有人群微生物组的重要性。在发展中国家，尤其是对于心脏代谢疾病的患病率稳定增长的发展中国家，深入了解各种因素之间的关系有利于更全面地识别风险因素并制定预防策略。

本节具体介绍了肠道微生物的分型研究、肠道微生物随饮食和年龄的变化规律，以及与疾病相关的微生物组研究等典型的案例，让读者对人体微生物数据有一个较为清晰的认知。

4.2.1 肠型分析

群体分型(分层/层化，stratification)是解释疾病相关问题、复杂生物学现象的有效措施，在生物学的许多领域中都有着非常广泛的应用。人体内有大量微生物，形成了具有相互作用的复杂微生物群落，而微生物群落受到很多因素的影响。不管是人与人之间，还是在人体不同部位，微生物定植都有着非常大的差异。群体分型对于理解人类身心健康等复杂生物学问题有很大帮助，可将群体分型应用于肠道微生物中来区别不同的群落组成。特定的群落组成就是肠型[27]。肠型不受年龄、性别、文化背景和地理位置等因素影响，是在群落组成的多维尺度空间中样品密集的集群[28]。

2011 年，研究人员采集了丹麦人、西班牙人和美国人粪便样本并进行 16S rRNA基因测序分析，基于微生物群落结构将肠道微生物分为 3 种肠型。进一步研究发现，每种肠型内部存在特定的指示或驱动类群，构成微生物共现网络中心。例如：肠型 1，又称 ETB，Bacteroides(拟杆菌)就是其指示类群；肠型 2，又称 ETP，是由 Prevotella(普氏菌)驱动的；肠型 3，又称 ETF，Firmicutes(厚壁菌)占比高低可以对其进行区分[29]。肠型这一概念的提出一直饱受争议，直到 2018 年 Knight 等[27] 29 位微生物学领域具有高影响力的科学家们共同署名，对肠型这一概念进行充分探究并提出了新的肠型路线图。基于肠型对肠道菌群结构分类在临床上具有潜在意义。实现疾病的个性化诊断一直是作为临床研究的重要方向，利用肠型有助于判别个体的疾病状态。另外，也可以作为一些疾病的风险因子或感染指标，不同肠型对于各类物质的代谢也会产生影响，进而产生不同的药物代谢动力学、药物代谢动态差异。总的来说，肠型可以为不同的患者提供个性化理解从而指导治疗，这一概念的提出及更新完善对于临床应用具有重要意义。

4.2.2　肠道微生物亚群与饮食、代谢疾病的关联分析

在微生物组的许多研究中将数量较大的微生物进行聚类和降维分析是常见的手段，其中前面所提到的“肠型”通常是一个三聚类解决方案，是关于微生物组数据最常用的聚类策略。然而，要充分描述任何肠道微生物群样本仅仅使用 2～3 个簇，在其应用和描述个体间差异的能力方面非常有限，特别是当涉及与健康和疾病有关的微生物群结构时。2021 年，Breuninger 等[30]应用潜在狄利克雷分布模型(latent Dirichlet allocation，LDA)来解析肠道微生物菌群的潜在结构，潜在狄利克雷分布模型是一种贝叶斯概率生成模型，由 Blei 等[31]在 2003 年提出，用于揭示存在于未标记数据中的潜在结构，这种流行的无监督机器学习方法在自然语言处理领域中得到了最普遍的实现。它可以识别文档集合中存在的潜在主题(如体育、政治、科学)。然而，潜在狄利克雷分布模型也被应用于多种生物学数据类型，包括群体遗传学数据、蛋白质序列数据、磁共振成像数据和微生物组数据，在这些数据中，它可以学习潜在的微生物亚群。

在该研究中，潜在狄利克雷分布模型被应用于 1 992 名参与者样本，最终鉴定得到 20 个微生物亚群，每一个微生物亚组是由所有的微生物按照特定的占比组成的，每个参与者的肠道菌群被描述为这 20 个亚组的独特组成。另外，研究者通过重复的 24 小时食物清单和一种食物来评估习惯性饮食摄入，并采集了代谢性疾病/危险因素患病率，采用多变量调整的潜在狄利克雷分布模型对 20 个亚组以及代谢性疾病/危险因素患病率和亚组进行评估，探讨微生物亚组和饮食以及代谢疾病之间的关联。

该研究发现的习惯饮食、代谢性疾病和微生物亚群之间的关联不仅扩展了目前关于饮食-微生物-疾病关系的知识，而且表明某些微生物群可能受饮食干预的调节，从而可能影响人类健康。此外，潜在狄利克雷分布模型似乎是

解释人类肠道菌群潜在结构的有力工具，但是这项分析中观察到的亚组和相关性需要在进一步的研究中得到证实。

4.2.3 人类饮食与肠道菌群的个性化关联

人类肠道微生物生态系统是动态的和复杂的，其组成在个体之间具有很大的差异。在个体的纵向周期研究时发现，微生物组成的大变化可能会影响疾病的发生和发展。日常饮食是肠道微生物群落结构形成的一大关键要素，但是肠道微生物群落结构的形成受到各种因素的影响，个体间差异较大，日常食物选择和人体肠道微生物组成之间的精确关系仍有待探索。

Knights 等[32]在 2019 年开展了一项关于习惯饮食对微生物组影响的超密集纵向研究，招募了 34 名健康志愿者进行为期 17 天的 24 小时饮食记录和粪便样本的采集，所获得的粪便样本用鸟枪法宏基因组测序，研究开发并应用多变量方法来建模膳食摄入，这超越了传统的基于营养的分析。将日常鸟枪宏基因组学与日常饮食相结合，为测量饮食对微生物动态个性化的影响提供了一个独特的丰富数据集。这样密集的纵向数据集使得能够调查饮食摄入和微生物时间稳定性之间的关系。研究发现，每日膳食摄入量和微生物组组成是高度可变和个性化的，人体肠道微生物组成取决于多天的饮食史，并且和食物选择的相关性强于传统的营养成分。饮食对微生物的日常影响是高度个性化的。两名只服用代餐饮料的受试者数据表明，单一饮食不会诱导人体微生物的稳定，相反总体饮食的多样性与微生物的稳定有关。

该研究加深了对个性化饮食与微生物群之间相互关系的理解。虽然传统的基于营养的饮食分析不足以研究饮食微生物群之间的相互作用，但是可以在相关食物之间共享统计信息。该研究为未来的饮食-微生物研究提供了重要的方法学见解，表明为调节肠道微生物而施加的饮食干预措施可能需要针对个体的微生物进行量身定制。

4.2.4 体育锻炼与肠道菌群的相关性研究

近几十年来，肠道微生物组的潜在作用已成为人类健康研究的焦点，主要是在其对宿主生理、新陈代谢、营养和免疫系统发育的贡献方面[18]。人类肠道微生物群落的组成与环境和随机因素高度相关，如年龄、饮食、抗生素治疗和运动。Ayeni 等[33]研究报道，与年龄相关的变化可能会影响人类肠道微生物生态系统并改变生命不同阶段的微生物群组成，这表明人类肠道微生物组成与宿主的年龄密切相关。越来越多的研究强调，人类肠道微生物群和肠型的组成可能会受到饮食变化[34]和抗生素治疗[35]的影响，但只有少数研究阐明了肠道微生物群与运动之间的关系。职业运动员在训练或比赛期间，由于承受数小时的身体和情绪压力，会引发生理和心理反应，最终激活交感神经-肾上腺髓质系统和下丘脑-垂体-肾上腺轴，导致分解代谢激素、炎性细胞因子和微生物分子，并改变其生理稳态。Freitas 等[36]发现运动员，尤其是精英运动员，对各种压力的耐受性更高。在运动员与健康人群对照的微生物组研究中发现其微生物群落存在显著差异。然而，许多研究主要集中在肠道微生物群的组成和丰富度上，其主要目标是区分运动员和久坐的对照组之间的微生物差异。因此，如果精英运动员和非精英运动员、成年运动员和青年运动员，即使在同一项运动中，在分类和功能组成方面都具有不同的肠道微生物组模式，仍然难以分析。这些信息对于监测优秀运动员的潜力非常重要，同时也为开发用于调节运动员肠道微生物群的新型微生物组方法提供信息。此外，运动员的肠道微生物组与其环境因素包括饮食因素、身体特征和运动相关特征之间直接关联。

Han 等[23]招募了一支由 19 名中国职业女子赛艇运动员组成的团队，包括精英运动员和非精英运动员。通过 16S rRNA 基因测序共收集和分析了 306 个粪便样本(平均每人 16 个样本)，将其分为 3 组：成年精英运动员、青年精英运动员和青年非精英运动员。测量并记录这 19 名运动员的饮食因素、身体特征和运动相关特征，以确定与这些因素相对应的分类和功能组成的变化，并确定不同类别运动员特有的肠型。此外，还探讨了塑造运动员微生物群落的因素。研究结果表明，运动员肠道微生物群的分层显示，精英运动员和非精英运动员的肠道微生物群在分类结构和功能组成方面具有不同的肠道微生物群落模式(肠型)，大多数精英运动员被归为肠型 3。研究还发现产生短链脂肪酸的细菌，如梭状芽孢杆菌、瘤胃球菌科和粪杆菌，在精英运动员的微生物群落中占主导地位。其次，深入的功能分析揭示了 ATP 代谢的功能，精英运动员的微生物群落中具有丰富的多种糖转运系统和碳水化合物代谢。再次，基于分类学和功能性生物标志物的组合构建了一个准确的分类器，这突出了从一组运动员中监测候选精英运动员的巨大潜力。最后，研究证明了肠道微生物群与身体特征、饮食因素和运动相关特征密切相关，这可以共同解释 41% 的肠道微生物组变异性。重要的是，运动员微生物群落的多功能性可能通过改变肠道微生物组来影响运动员的表现，这与饮食因素(29%)和身体特征(21%)

相关。这些发现强调了肠道微生物群的复杂相互作用。但是，该研究也存在许多局限性，特别是关于仅使用女性运动员、缺乏粪便代谢组学数据和直接功能数据，以及缺乏长期随访分析。尽管存在这些限制，但在该研究中发现的模式和关联在运动科学中足够普遍，可以指导候选运动员的监测，以及为运动员进行精确的饮食准备。

总的来说，该工作研究了不同水平运动员的肠道微生物，对于精英运动员的培养和选拔具有重要意义，也对肠道菌群和运动表现之间的关联提供了新思路。

4.2.5 幼儿肠道微生物组的时间发育变化

人体肠道微生物和年龄具有很强的关联性，从婴儿期到儿童期，人体肠道微生物群会发生许多变化。其变化取决于一系列因素。在此期间，微生物与免疫系统的相互作用和晚年疾病的病理生物学有关，如持续性胰岛自身免疫和糖尿病。然而，目前还没有研究对大样本、多中心人群早期生命中的微生物组进行广泛的表征。

Stewart 等[37]在 2018 年分析了来自 3 个欧洲国家（德国、瑞典和芬兰）和美国 3 个州（科罗拉多州、乔治亚州和华盛顿州）的 903 名 3～46 个月儿童的 12 500 个纵向粪便样本，开展 16S rRNA 基因测序（$n=12\ 2005$）和宏基因组测序（$n=10\ 867$）。发现肠道微生物群的发育存在 3 个不同的阶段：发育阶段（3～14 个月）、过渡阶段（15～30 个月）和稳定阶段（31～46 个月）。无论是纯母乳还是部分母乳，都是与微生物组结构相关的最显著因素。母乳喂养与双歧杆菌（短双歧杆菌和两歧双歧杆菌）的水平升高有关，母乳喂养的停止以厚壁菌门作为标志物导致肠道微生物群更快成熟。自然分娩还是剖宫产的出生模式也与发育阶段的微生物组显著相关，阴道分娩婴儿具有较高水平的拟杆菌属物种（尤其是脆弱拟杆菌）。无论出生方式如何，拟杆菌属都表现为与增加肠道多样性和更快成熟有关。地理位置和家庭情况（如兄弟姐妹和毛绒宠物等）在内的环境因素也是影响微生物群变化的重要因素。

该研究通过将微生物多样性和胰岛自身免疫或 1 型糖尿病进行关联分析发现，在人体早期微生物组的变化和后期疾病的发生发展具有一定的联系。确定早期生命微生物组改变的潜在机制以及随后对免疫发育和功能的影响仍然很重要。通过更全面地了解关键的早期生命阶段及其对健康和疾病的影响，可以定制生活方式和治疗方法，以支持最佳的微生物-免疫稳态。

4.2.6　肠道菌群与年龄预测

人类肠道定植着数以亿计的微生物，是一个极其复杂的生态系统。微生物作为消化系统的重要组成部分，影响宿主的免疫、代谢等功能，进一步影响健康与疾病的发生，如肠易激综合征等慢性疾病的发生和肠道菌群紊乱密切相关。反过来，宿主免疫系统会抑制导致产生慢性炎症的致病菌的繁衍。这些变化在每个人的生命中不断发生，可能对我们有害，也可能对我们有益，可以反映出个人选择或更广泛的跨人群影响因素。之前的一些研究探索了婴儿早期肠道菌群的演替，但是成年人肠道菌群的变化还是未知数。虽然也有研究报道了老年人随着年龄的增长会伴随着微生物多样性的降低，但是对于微生物和年龄之间的关系并没有得到一致性的结论。

Galkin F 等[38]在 2018 年将肠道菌群和深度学习两项研究结合，去探究菌群的特征是否可以较为准确地反映人的年龄变化，其主要思想就是利用深度神经网络的方法，从健康人的肠道菌群里寻找可以预测年龄的细菌物种。该研究收集了全球 1 165 名健康人的 3 663 个肠道细菌样本，包含各个年龄阶段：约 1/3 来自 20～39 岁人群，1/3 来自 40～59 岁人群，1/3 来自 60～90 岁人群。基于深度学习算法和神经网络方面相关的技术，研究者采用交叉验证的方法，首先让计算机学习了来自 90%样本的 95 种不同种类的细菌，以及样本提供人的年龄。然后，让计算机通过已经训练完成的算法预测剩余 10%的人年龄。结果表明，在 95 种细菌中，39 种细菌对于年龄的预测发挥重要作用，通过这种算法用肠道菌群去预测人的年龄，可以达到 3.94 年平均绝对误差的精度。另外发现随年龄增加，霍氏真杆菌等变得丰富，而与溃疡性结肠炎相关的普通拟杆菌减少。微生物群可以作为一个“老化时钟”，预测人体年龄以及衰老速度；也可以作为一个指标研究其与饮食、抗生素等物质的相关性，进一步验证这些因素对人体衰老和健康的影响。

通过深度学习的算法分析肠道菌群组成来预测人体年龄，揭示了菌群或许可作为标志物用于衰老相关的研究。在更大的数据队列中研究菌群预测年龄的普遍性，以及两者之间是否存在因果性是今后的一项重点研究方向。

4.2.7　微生物组与癌症相关性研究

人类微生物组会影响癌症的发生、进展和治疗。但是微生物、饮食、宿主因子、药物和细胞与细胞之间的相互作用往往有着非常复杂的机制，要了解与宿主相关的微生物群落在癌症系统中的作用，需要将微生物生态学、免疫学、癌细胞生物学和计算生物学等多学科相结合，采用系统生物学方法分析。微生物组对癌症的影响可能是直接的也可能是间接的，这是一个非常重要的区别。当微生物直接接触癌变组织并影响其表现时，可能产生直接影响，例如阴道微生物组与宫颈癌和子宫内膜癌相互作用。存在于不同组织中的微生物组和癌症之间也可能发生间接相互作用，如肠道微生物组可通过改变循环代谢物影响宿主生理，从而对其他部位癌症的进展或宿主对治疗的反应产生间接影响。

大肠癌是美国癌症死亡的第二大原因，其关键风险因素是遗传易感性，但饮食、生活方式和微生物群组成占大多数病例。在动物模型的研究中发现，根据遗传背景，多达100%的IL-10—/—小鼠会患上结肠炎，加上结肠特异性致癌物甲氧甲烷，这些小鼠中有60%～80%会发展成结肠肿瘤。公认的模型、疾病与途径的结合可能使癌症微生物组研究能够辨别微生物在不同疾病阶段的作用和机制。

另外，许多癌症从局限性癌症到转移性疾病的转变是能否治愈的一个关键转折点。一项有关于梭菌的研究表明，微生物可以与转移细胞一同从原发性肿瘤部位转移到远端部位[39]。患者活检表明，肠道微生物组中的梭菌和其他细菌会从原发肿瘤端向远处转移。原发性大肠腺癌的小鼠异种移植表明，癌细胞确实可以携带有活力的梭菌并将其转移到其他部位，经过数次传代后，细菌的携带能力得以维持。这些结果对于恶性肿瘤的治疗很重要，通过用抗生素治疗小鼠减少细菌载量可以减少肿瘤的生长。此外，与癌细胞直接相互作用的细菌也可以通过引起局部炎症来帮助治疗癌症。例如，有些菌可以代谢化疗药物，或者影响癌症对于药物的耐药性。

微生物和癌症的相关性分析对于癌症认识提供了新的视角，微生物或许可以作为癌症的预测标志物或治疗的靶标，对癌症的及早发现和治疗具有重要意义。

4.2.8 肠道菌群与非酒精性脂肪肝的防治

脂肪肝(fatty liver, disease, FLD)包括非酒精性脂肪肝(non-alcoholic fatty liver disease, NAFLD)和酒精性脂肪肝(alcoholic fatty liver disease, AFLD)，通常是从肝脏脂肪沉积开始的，随后产生肝损伤，如脂肪性肝炎、炎症、纤维化、肝硬化和肝细胞癌等。非酒精性脂肪肝的潜在病因被认为是多种多样的，已经有许多证据表明，非酒精性脂肪肝与肥胖、代谢和胰岛素抵抗综合征、血脂异常密切相关，肠道微生物群的变化也已被研究，并被认为是一些病例的原因，但导致这种情况的确切机制仍不清楚。

Yuan 等[40]在 2019 年发现在人体内存在能产生大量酒精的 *Klebsiella pneumoniae*，而且 *K. pneumonia* 与非酒精性脂肪肝具有相关性。为了验证这一发现，引入了小鼠实验，将 *K. pneumonia* 移植到小鼠后，可引起小鼠非酒精性脂肪肝；而清除 *K. pneumonia* 可减轻受体小鼠的非酒精性脂肪肝症状。通过这项研究，我们可以将能产生大量酒精的 *K. pneumoniae* 及其代谢产物，或者口服葡萄糖耐量试验的血液酒精浓度，作为临床中评估非酒精性脂肪肝诊疗的潜在微生物标志物，对于未来开发出一种早期诊断和治疗非酒精性脂肪肝的筛查方法具有重要意义。

4.2.9　肠易激综合征患者肠道菌群的研究

肠易激综合征(irritable bowel syndrome, IBS)是一种功能性胃肠道疾病，伴有反复出现的腹痛或不适、大便不规则和腹胀，影响了全世界约 10%的人口。肠易激综合征患者生活质量低，用药费用高，给社会带来很大负担。尽管肠易激综合征的病理生理学尚不清楚，但已发现肠道微生物群落失调介导肠易激综合征的潜在机制[28]。Huet G 等[41]对健康个体微生物群落的研究发现，胃肠道(gastro-intestinal, GI)不同区域的生理功能会导致胃肠道不同部位的不同微生物分布。Vasapolli 等[30]基于 21 名健康成人，确定了唾液、上消化道、下消化道和粪便样本中不同的微生物群落。然而，目前对肠易激综合征肠道微生物群落的了解主要基于对粪便微生物群落的分析，很少有研究描述与不同肠道部位结合的微生物群落，这主要是由于从这些部位收集样本困难，特别是对于健康对照组来说。Zhu 等[42]招募了 74 名肠易激综合征患者和 20 名健康对照志愿者，其中有 22.34%、8.51%、14.89%和 54.26%分别来自十二指肠黏膜、十二指肠腔、直肠黏膜和直肠腔 4 个部位，旨在使用多个肠道部位的样本来表征肠易激综合征微生物群落模式。结果表明，肠易激综合征微生物群落在每个肠道部位具有与健康对照不同的特定模式。*Bacillus*、*Burkholderia* 和 *Faecalibacterium* 分别是肠易激综合征十二指肠、健康对照十二指肠和健康对照直肠中的代表性菌属。无论肠易激综合征患者还是健康人，来自直肠黏膜和肠腔的样本都是高度可区分的。此外，肠易激综合征患者的微生物共丰度网络连接性较低。直肠黏膜位点特异性生物标志物拟杆菌在直肠黏膜中单独使用，或与普氏菌属和颤螺菌一起使用时，在肠易激综合征诊断中具有出色的表现。该研究还证实，粪便微生物群落不能完全表征肠道微生物群落。在这些位点特异性微生物群落中，直肠黏膜微生物群落将更适用于肠易激综合征的诊断。

这项研究基于从健康对照和肠易激综合征患者的十二指肠黏膜、十二指肠腔、直肠黏膜和直肠腔收集的283个肠道样本，发现不同的肠道部位在肠易激综合征中具有其特定的微生物模式。值得注意的是，直肠黏膜位点特异性微生物拟杆菌属、普氏菌属和颤螺菌属可用于准确区分肠易激综合征和健康对照。这项研究的结果可以帮助临床医生认识到直肠黏膜肠道微生物群落的巨大潜力，以便更好地诊断肠易激综合征患者。

4.2.10 类风湿性关节炎患者微生物失调和代谢紊乱研究

类风湿性关节炎（rheumatoid arthritis，RA）影响着全世界数以千万计的人[43]。类风湿性关节炎在临床上被认为是一种进行性、炎症性和自身免疫性疾病，主要影响关节，通常有4个阶段：① 第一阶段，关节滑膜发炎，多数人有觉醒时僵硬等轻微症状；② 第二阶段，发炎的滑膜已经对关节软骨造成损伤，人们开始感到肿胀，活动范围受限；③ 第三阶段，类风湿性关节炎已经发展到严重的状态，骨侵蚀开始，骨头表面的软骨已经退化，导致骨头相互摩擦；④ 第四阶段，某些关节严重变形并失去功能[44]。为了抑制类风湿性关节炎进展，不同类风湿性关节炎阶段的人需要特定的治疗策略。肠道微生物菌群失调通过代谢扰动和免疫反应调节等一系列机制与类风湿性关节炎的发病机制有关，被称为肠-关节轴。例如，类风湿性关节炎患者中普雷沃菌和柯林菌的丰度增加与Th 17细胞因子的产生相关。此外，由于肠道通透性增加，肠道微生物及其产物很可能转移到关节。代谢物也与类风湿性关节炎中的免疫调节相关：向患有胶原诱导性关节炎（collagen-induced arthritis，CIA）的小鼠施用短链脂肪酸可以通过调节白细胞介素-10（interleukin-10，IL-10）来降低关节炎的严重程度。综合宏基因组和代谢组学分析可以增强我们对肠-关节轴的理解。然而，肠-关节轴在类风湿性关节炎连续阶段中的作用尚未得到充分研究，更多的检查可能会提供一种替代方法来改善类风湿性关节炎进展。

Cheng等[45]研究了根据2010年类风湿性关节炎分类标准分为4个阶段（Ⅰ～Ⅳ期）的76名类风湿性关节炎患者、19名骨关节炎患者和27名健康人的粪便宏基因组和血浆代谢组的分期概况。为了验证关节滑液的细菌侵袭情况，对来自4个类风湿性关节炎阶段的271名患者的另一个验证队列进行了16S rRNA基因测序、细菌分离和扫描电子显微镜检查。结果表明：① *Bacteroides uniformis* 和 *Bacteroides plebeius* 的消耗削弱了糖胺聚糖代谢（$P<0.001$），在4个阶段持续伤害关节软骨；② 大肠杆菌的升高增强了Ⅱ期和Ⅲ期精氨酸琥珀酰转移酶途径（$P<0.001$），这与类风湿因子的增加有关（$P=1.35\times10^{-3}$），并可能导致骨丢失；③ 异常高水平的甲氧基乙酸（$P=1.28\times10^{-8}$）和半胱氨酸-S-硫酸盐（$P=4.66\times10^{-12}$）分别在Ⅱ期抑制成骨细胞和Ⅲ期增强破骨细胞，促进骨侵蚀；④ 肠道通透性的持续增加可能会在Ⅳ期诱导肠道微生物侵入关节滑液。

这项研究表明临床微生物干预应考虑疾病的阶段性，其中，微生物菌群失调和代谢紊乱呈现不同的模式并发挥阶段特异性作用，为从分期的角度理解肠-关节轴提供了新的见解，为类风湿性关节炎的预后和治疗开辟了新的途径。

4.2.11 下呼吸道细菌性感染诊断研究

每年因为下呼吸道感染死亡的人数高达300万，之前主要是基于微生物培养来进行诊断，但是耗时长且敏感性差。Jain 等[46]在2019年提出了首个使用纳米孔技术的快速、经济的宏基因组测序方法，该方法直接从患者呼吸道样本中准确快速地识别细菌病原体，并在6小时内就可以准确检测抗性基因[46]。

纳米孔测序技术错误率高达10%以上，对于扩增子的运用存在较大的问题，但超长的读长、实时测序、随断随测等特点在临床病原菌的检测方面具有很大优势。这种新方法将去除宿主（人）DNA（去除率极高，为99.99%）作为纳米孔测序的基础。以此为开端，对提取DNA，测序建库，直到最后测序完成的整个过程都进行了优化。另外，这一套体系还借助了qPCR和抗生素抗性基因的共同验证，使得在验证患者样本中达到100%的特异性。

4.2.12 肠道菌群可塑性研究

饮食结构对于肠道菌群结构具有重要影响。先前的研究表明，人体肠道微生物组成会随着短期饮食的变化而发生变化。但是，由于之前的研究大多是基于短期的饮食干扰进行的，时间周期较短，受试者饮食结构也仅发生了一次转变。在较长的时间范围内，多种饮食变化之下的微生物群落动态模式仍不清楚。

Ning等[36]在2019年对长时间饮食结构变化之下的肠道微生物动态模式进行了研究。这项工作招募了一支由10人组成的中国援外医疗志愿者团队，在一年多的时间里对其肠道菌群进行动态监测，旨在研究饮食因素对人类肠道菌群结构的影响[36]。志愿者团队从北京出发，留在特立尼达和多巴哥6个月后返回北京。使用高密度纵向采样策略收集了他们的粪便样品以及详细的饮食信息。最后，对来自41个个体不同时期的287个粪便样品进行了微生物16S rRNA基因的V4高变区测序，并用QIIME分析了高质量的读数[47]。

研究结果表明，肠道中的微生物群落在长期停留过程中具有双向的可塑性和弹性，并且具有多种饮食变化。志愿者团队在北京与特立尼达和多巴哥时表现出不同的微生物群落模式，志愿者团队停留在特立尼达和多巴哥时，微生物群落结构从北京人相似的模式变为特立尼达和多巴哥模式，返回北京后1个月内恢复为原始模式。

这项研究打破了之前许多研究时间周期较短的限制，进行长期的微生物群落监控，揭示了肠道微生物组具有双向可塑性，对肠道微生物组相关疾病的临床实践产生了较大影响。基于其研究结果可以发现，在对许多疾病进行诊断时应结合饮食习惯和旅行记录。另外，由于肠道微生物群落的强大适应力，临床实践（如粪便微生物群移植和抗生素治疗）应在更长的时间内监测治疗效果。

总的来说，人体微生物组数据的分析和挖掘是当今微生物群落分析中最丰富的一个方向，也最难获得规律性结果。本部分的案例从不同状态（健康和疾病）、不同年龄（婴儿和成年）、不同疾病系统（消化系统、呼吸系统、骨系统等）角度介绍了目前的研究前沿，通过相关研究策略、方法、结果和意义的阐述，相信读者能够理解人体微生物组作为"人类第二基因组"的复杂性，以及其蕴含的无尽潜力。

4.3 环境和工程领域的微生物组数据研究

随着经济社会的发展与人口剧增，环境污染问题日趋严重，生活垃圾、工业废物、农药残留给人类生存环境造成了极大的破坏。生态环境污染对人畜健康、工业、农业、水产业等都有很大危害。减少环境污染、实现可持续发展是近年来的重要发展方向。随着微生物组研究方法和技术的不断成熟，将微生物作为环境的监控指标及将其应用于污水、废物的处理成为重要的发展方向。

在环境保护领域，不同环境下微生物群落的研究证明了微生物的重要性。如在土壤环境[48]、海水环境[49]、淡水环境[50]、空气环境[51]等研究中，已经发现了微生物群落的重要调控作用。研究人员将环境微生物群落和碳、氮、磷等重要元素循环相结合，发现环境微生物群落在调控元素循环中具有重要作用，使得利用环境微生物群落来促进环境可持续发展成为可能[52]。另外，研究人员将环境微生物群落和环境抗生素、环境重金属等环境指标相结合，也发现了环境微生物群落在抗性基因扩散、细菌耐药性产生方面的规律和机制[53]。

在能源与工程领域，微生物群落的突出优势也被越来越多案例证明。尤其是在生物发酵领域，微生物群落的研究在生物发酵仿生学、发酵系统的设计和优化、生物能源系统的开发以及通过发酵系统进行高附加值产品的生产[54]等方面，都具有极大的发展空间。其中，比较有代表性的就是基于微生物群落的污水处理[55]和高附加值化合物生产[56]等研究，均具有直接且明显的经济效益。

最后，在重要功能基因的挖掘方面，基于微生物组的功能基因发掘变得日趋重要。在抗生素抗性基因挖掘[57]、合成基因挖掘[58]、CRISPR 相关具有编辑功能基因的挖掘[59]、磁性蛋白等具有环境特异性的特殊功能基因的挖掘、微生物组的功能基因发掘方面都发挥重要作用。举例来说，现在细菌耐药问题日趋严重，抗生素抗性基因挖掘和相关数据库的构建将有助于环境保护、科学用药等多方面的早期预警和规划[57]，而 CRISPR 相关具有编辑功能基因的挖掘将有助于为精准医学应用提供更为丰富的基因编辑手段[59]。

本节列举了环境微生物组学研究以及微生物数据挖掘等方面的一些经典案例，希望可以让读者对微生物在环境保护、资源挖掘与应用方面有更多的认识。

4.3.1　土壤微生物组研究

土壤微生物组是自然生态系统的关键组成部分，1 克土可以包含数以千计的微生物类群，这些微生物在养分循环、碳源固定等方面具有重要作用，会极大地影响土壤肥力以及生态平衡。另外，陆地上植物和动物的健康也会直接或间接受到土壤微生物组的影响。很久之前就有科学家开始研究土壤中的微生物组、它们的新陈代谢能力以及它们对土壤肥力的影响，许多独特微生物代谢途径（如氮气固定和氨氧化）的重要发现也部分来源于对土壤微生物组的研究。近年来，各类方法学的发展使得全面记录土壤微生物多样性成为可能，对于微生物在土壤中发挥的作用也有了更加全面的认识。标志基因、基因组以及宏基因组分析的迅速发展，极大地拓展了人们解析土壤微生物组特征的能力和对土壤微生物群落系统进化关系和分类结构的认识，并明确不同时空尺度驱动土壤微生物组群落的主要因素。虽然土壤微生物组研究已经有了极大的进步，但事实上由于其所含生命体极其广泛，对于大多数问题还是未知的。

Fierer[60]在2017年系统总结了近几年土壤微生物组的进展和土壤微生物组研究所获取的信息，讨论了哪些微生物生活在土壤中，哪些因素在空间和时间上影响土壤微生物组的组成，以及为什么仍然很难将特定的土壤微生物分类联系起来。该研究对土壤微生物群落以及它们的新陈代谢能力提出了一个概念性框架，并且强调在开展土壤微生物研究时应该如何继续利用基因组、宏基因组以及标志基因数据来推断未知的土壤微生物类群的生态特性，并讨论了如何管理土壤微生物群落，以最大化平衡农业产量和持续性所面临的挑战和机遇。最后，提出了未来土壤微生物组在基础和应用研究方面关键研究方向。

现阶段对于土壤微生物组的认识非常有限，随着各种新方法的涌现，对微生物群落的系统发育和功能多样性等的认识会更加全面。但是，目前微生物组研究缺少系统的研究框架，使得能够识别和解释的土壤微生物组有限。之前的很多研究都将重点放在微生物多样性上。然而，对于土壤这个复杂生命系统的认识不能只局限于生物多样性上，需要超越对微生物群落多样性的简单描述，从而确定这种复杂性格局，并认识到这种复杂性的重要性。这些认识的提高将使人们能够在土壤微生物组对人类的实用性方面进行研究，从而提高作物产量，增强陆地生态系统响应持续环境变化的预测能力。

4.3.2 污水处理厂微生物群落挖掘

微生物可以对污水处理厂的废水进行净化，在保护公共环境健康、维持生态系统稳定方面发挥重要作用。然而，对于污水处理厂的微生物多样性及其控制因素还知之甚少。

Kamisetty H 等[61]在2019年分析了全球污水处理厂的微生物群落多样性，并挖掘其背后的群落构建机制（随机性或决定性作用）。这项工作通过全球的系统抽样方法，获得了来自6大洲23个国家269个污水处理厂的近1 200个活性淤泥样品，并对其进行了16S rDNA测序。分析结果表明，在全球活性污泥中存在约 1 000 000 000 个细菌表型，数据分布符合泊松正态多样性。虽然微生物的多样性非常高，但是这些样本间的细菌群落核心操作分类单元并不多(只有 28 个操作分类单元)，且与活性污泥的性能密切相关。在后续的 Meta 分析中发现，活性污泥的微生物群与淡水的微生物群有着最为密切的相关性。纬度梯度分析表明，活性污泥的细菌群落相比于大型生物的多样性并未表现出纬度梯度差异性。另外，污水处理厂微生物群的空间周转率很大程度取决于研究的尺度，尽管决定性因素(温度和有机物的输入)也非常重要，但微生物群落构建主要是由随机过程(如扩散和漂移)驱动。

该研究在全球范围内对污水处理厂的微生物群落进行分析，让人们在生态理论框架内对全球污水处理厂的微生物群落的多样性和生物地理学特征有了更深的认识，对微生物生态学和污水处理工艺具有重要意义。

4.3.3　植物根际微生物群落研究

植物根际周围每克土壤约含有数十亿种微生物，因此，土壤被认为是高度复杂和动态的生态系统。在这样的生态系统下，许多环境因素会影响植物的健康和疾病，其中包括生活在植物生态位中或生活在土壤中的共生微生物。在之前植物根际微生物的研究方面已报告了拟南芥、大麦、玉米、大米、大豆和小麦等的微生物普查。

韩国的 2 个课题组[41]选取了番茄植株(*Solanum lycopersicum*)和青枯病作为模型系统开展微生物组学研究，旨在阐明植物微生物组在疾病发展中的结构和功能。番茄是茄科的一个成员，是研究抗病性的典范植物。由 *Ralstonia solanacearum* 引起的细菌性枯萎病是一种土壤传播的疾病，可感染数百种植物(包括茄科)。青枯菌通过伤口、根尖或裂缝进入根部，在皮质中定植并侵入木质部。它会系统地传播并阻碍水的运输，从而导致植物枯萎并最终死亡。在马铃薯作物中，这种病原体每年在全世界造成约 10 亿美元的损失。与其他土壤传播疾病一样，寄主抗药性仍然是最有效地控制青枯病的策略[41]。

使用 *S. lycopersicum* var. *Hawaii* 7996，去研究一种高度抵抗枯萎和易感病的番茄品种，通过对根际微生物群及其后续功能的比较分析，研究了植物、病原体和微生物群之间的相互作用，随后对所培养细菌抑制番茄枯萎病的功能进行评估。通过 16S rDNA 和宏基因组测序分析了抗病品种 7996 和易感品种 Moneymaker 的根际微生物组，结果显示它们的根际微生物组不同，抗性品种7996能够在不同的实验系统中富集黄杆菌。然后，开展了根际微生物的互换实验，验证了抗病品种的土壤能够缓解易感品种的疾病症状且根系分泌物对病原菌无抑制作用。进一步，研究者通过宏基因组数据重新拼接组装了一个新的黄杆菌TRG1的基因组，发现该菌在抗性品种中具有高丰度。同时，挖掘基因组信息，在特殊培养基中特异性培养含有TRG1基因组的黄杆菌TRM1，获得了可能对疾病具有抗性的差异细菌。最后，发现一种TRM1菌株可以缓解易感植物的疾病症状，从而揭示出根际微生物确实参与了植物的抗病过程，而益生菌存在于抗病植物的根部，能够帮助植物抵抗病原体。

该研究分析了根际微生物对植物抗性的影响，揭示了土壤微生物群落对植物种植的关键作用，以及在植物种植时使用益生菌抵抗病原体的重要意义。

4.3.4 甘草基因表达-微生物群落-代谢产物调控模式研究

甘草在传统医学中已有约1 000年的历史，是亚洲和欧洲最重要的药材之一。作为一种广泛使用的中药材，其药用部位为根及根茎，具有补脾益气、清热解毒、祛痰止咳等功效，其主要成分为甘草酸和甘草苷[62]。由于野生资源的缺乏，栽培甘草逐渐成为解决甘草需求的重要途径，但是野生和栽培甘草药效差异的调节模式仍未确定，其微生物-植物-代谢物调控模式仍不明确。通过多组学技术研究野生及栽培甘草的遗传信息及其代谢调控网络，有助于揭示甘草重要次生代谢产物的积累机制[63]。

Zhong等[62]选用乌拉尔甘草(*Glycyrrhiza uralensis* Fisch)作为研究对象，收集了野生、栽培一年和栽培三年的乌拉尔山核桃根系和根际土壤，生成根系代谢产物和转录产物数据，以及根际微生物区系数据。基于这些数据，在代谢产物、转录组和微生物组水平上探索了野生和栽培*G. uralensis*甘草苷和甘草酸的调控网络，并进行了综合多组学分析。该研究首次在代谢产物和转录组水平上鉴定了不同生长状态下的乌拉尔山核桃的差异，重新定义了更为精准的乌拉尔甘草基因结构，鉴定的40 091个基因包括数千个此前未见报道的基因，并完善了基因表达谱。另外，对野生、栽培一年和栽培三年乌拉尔甘草根进行代谢组学分析，鉴定3种条件下的甘草酸和甘草苷含量，发现野生甘草较栽培甘草积累了更多的甘草酸和甘草苷。结合转录组数据分析鉴定甘草酸和甘草苷合成途径的关键基因，进一步发现BAS、CYP72A154、CYP88D6等关键基因在野生甘草中的表达量显著高于栽培甘草。此外，通过甘草转录谱、代谢产物、根际微生物群落的网络联合分析，发现甘草酸和甘草苷合成关键基因的表达与微生物群落中细菌的多样性及丰度谱高度相关。进一步分析表明，根系微生物 Lysobacter 的丰度与甘草酸和甘草苷合成途径中的关键基因(如 CYP72A154)的表达显著相关。通过 SEM 模拟发现，生长时间对甘草苷和甘草酸的积累有积极影响，而根际微生物群落结构对甘草苷的积累有较强的影响。最后，建立了一个整体的多组学调控模型，证实了根际微生物群落结构在甘草苷积累中的重要性。该研究深入解读了甘草苷和甘草酸的关键调控机制，为研究甘草关键代谢产物与转录组、根际微生物和环境的相互作用提供了新的思路，对甘草的培育具有指导意义。

该工作结合代谢产物的产生、表达谱和微生物群落来研究它们对甘草理化活性成分的调控模式，并探索生物和非生物胁迫如何影响这种药用植物代谢产物的调控模式。植物代谢组、转录组和微生物资源的挖掘，以及微生物植物代谢物调控模式的建立，对指导未来的植物栽培具有重要意义。

4.3.5　地下水微生物来源分析

地下水中过量的污染物和潜在病原体降低了饮用水资源的质量和数量，威胁着生态和人类健康[64]。地下水是世界许多地区的主要水源，可以满足不同的水需求，支持人类社会发展，维持生态系统平衡[65]。然而，各种人为活动加上不断的污染和地表渗透经常威胁地下水资源，其中，病原体是地下水污染的重要组成部分，严重威胁着人类和生态系统的健康。因此，明确地下水细菌的来源、充分保护地下水资源势在必行。土地利用模式被认为塑造了地表水中的不同微生物，由于地表水和地下水不可避免地交换，来自地表的微生物很可能是地下水中微生物的来源[66]。

Ji 等[66]采用高通量测序-微生物源追踪技术对洪湖流域地下水微生物群落来源进行追踪。洪湖流域位于长江中部平原，是典型的冲积平原，地表水和地下水资源丰富，该流域浅层地下水和地表水具有强烈的水文地质相互作用。该流域复杂的土地利用模式和污染源为评估地下水细菌群落的主要来源以及确定土地利用模式如何影响来源提供了独特的机会。该研究基于 54 个地表水样品和 46 个地下水样品，分别鉴定出 363 种和 409 种细菌，地表水和地下水中细菌群落结构差异显著。尽管地下水和地表水细菌群落不同，但有大量证据表明细菌从地表水扩散到地下水。此外，水产养殖池塘被发现是地下水微生物群落的主要贡献者(雨季和旱季的解释率约为 41.0%)。农田对地下水微生物群落的贡献(39.2%)在雨季与养殖池相似，但高于旱季(29.9%)；然而，湖泊中的微生物对地下水的贡献很低(6.9%～8.7%)。此外,水产养殖池塘和地下水的抗生素抗性基因和细菌共生网络比其他调查的水生系统更相似。此外,水产养殖池塘可能给地下水带来不可忽视的负面影响,例如病原体渗入和抗生素抗性基因富集。总的来说,此研究提出了5个关键点：① 基于贝叶斯的土地利用感知微生物源追踪可以准确获取地下水微生物;② 地表水和地下水的细菌群落存在显著差异;③ 地表水有助于地下水的细菌群落;④ 养殖池是研究区地下水病原菌的主要来源;⑤ 水产养殖池塘和地下水中的抗生素抗性基因和物种共现网络是相似的。

该研究综合分析了地下水和地表水体以及土地利用模式,其分析结果有助于更好地理解3D空间中的微生物渗透模式。从这项工作中可以发现,水产养殖池塘对地下水的影响不可忽略,包括病原体渗入和抗生素抗性基因富集,都表明它们对地下水的负面影响。另外,还证实了利用微生物源追踪技术结合土地利用模式追踪受复杂人类活动干扰地区的地下水微生物来源的可行性,为后续水源保护提供有效方法。

4.3.6 水体抗生素抗性基因研究

抗生素被广泛用于治疗细菌性疾病,为人类和动物的健康做出了巨大贡献[67]。然而,由于抗生素在人类医疗、水产养殖和畜牧业的广泛使用和滥用,目前它们广泛存在于环境中并诱导抗生素抗性基因,已成为21世纪以来全球公认的环境与公共安全问题[68],寻找抗生素耐药性问题的解决方案是当前乃至未来全球范围内的一项紧迫任务[69]。

地表水和地下水作为重要的水资源,受到人类活动的影响已成为抗生素抗性基因污染的热点。尽管地下水和地表水之间存在水文连通性,但地下水中的环境,包括水滞留时间、人为干扰、溶解氧和光照等条件与地表水显著不同。目前对这2种水环境中抗生素抗性基因污染的区别与联系的认知仍十分有限。土地利用作为人类活动在空间上的系统反映,已被证明是抗生素抗性基因形成的重要原因。以往的研究主要集中在特定土地利用类型对地表水抗生素抗性基因的影响,对于不同土地利用类型对地表水和地下水抗生素抗性基因的联动影响以及规模效应仍不清楚。此外,抗生素抗性基因通常存在于微生物群落中,抗生素抗性基因分布在很大程度上受微生物群落结构的影响。之前的研究已经证实随机过程和确定性过程影响微生物群落构建,但是地表水和地下水之间抗生素抗性基因组成和微生物群落的生态过程和形成机制是否有相似性和差异性，以及它们如何应对不同的外部干扰，如土地利用和季节变化，目前尚不清楚[70]。

Zhang 等[70]以江汉平原洪湖流域为研究对象，利用宏基因组技术对流域内地表水和地下水中的抗生素抗性基因污染进行了调查，探讨地表水与地下水中抗生素抗性基因的污染特征、生态过程与形成机制及其对土地利用和季节变化的响应问题。

研究结果表明，地表水和地下水中抗生素抗性基因的丰度和多样性在季节上的变化并不一致，并且在雨季，地表水和地下水中抗生素抗性基因之间的关系密切。土地利用对抗生素抗性基因的影响在地表水强于地下水，而且在旱季强于雨季。值得注意的是，土地利用对地表水和地下水抗生素抗性基因影响最强烈的最佳缓冲区并不相同，地表水的最佳缓冲区为 1 500 m（旱季和雨季），而地下水最佳缓冲区为 1 000 m（旱季）和 500 m（雨季）。此外，由可移动基因元件介导的随机过程比确定性过程对抗生素抗性基因群落构建的贡献更大，尤其是在地下水中。最后，研究者依据人类致病菌所携带的可移动基因元件上的抗生素抗性基因风险水平最高，基于重叠群分析了抗生素抗性基因、可移动基因元件和人类致病菌共存情况，以此来评估抗生素抗性基因在地表水和地下水中的潜在风险。研究结果表明无论是旱季还是雨季，地下水中存在的潜在风险更高。

该研究深入了解了季节和土地利用对地表水和地下水中抗生素抗性基因污染、生态过程及形成机制的影响，并对抗生素抗性基因产生的潜在风险进行了评估，有助于制定有效的管理策略，控制复杂人类活动流域内的抗生素抗性基因污染。

4.3.7　湖泊抗生素抗性基因研究

近几十年来，抗生素污染在水环境中变得普遍，主要是由于这些化学物质在人类和动物疾病治疗和农业活动中的使用不断增加[71]。抗生素通常会诱导抗生素抗性细菌和抗生素抗性基因，即使在痕量水平上也会通过食物链或食物网增加健康和生态风险。水生环境是获取和传播抗生素抗性基因的重要水库，抗生素抗性基因在水生环境中的分布和传播机制已成为全球关注的问题。鉴于抗生素等环境条件的高浓度和明显梯度，河流生态系统因其包含大量的抗生素抗性基因而受到广泛关注。Laffite 等[72]研究发现不同的环境因素，如常规水质、抗生素、金属和移动基因元件与抗生素抗性基因密切相关，并可能影响其在河流中的分布和传播。Kondrashov 等发现抗生素抗性基因存在于环境细菌中，由于微生物群落适应污染物、压力或环境变化，因此可以通过选择种群（例如抗生素抗性细菌的克隆扩增）、基因突变和重排和（或）水平抗生素抗性基因的转移。

洪湖位于长江中游，是该地区湖泊的一个缩影。它是一个大型（面积约 350 km^2）浅湖（平均深度约 1.5 m）。由于该流域农业种植、畜牧业和水产养殖业的高密度化，过去几年湖泊遭受了严重的内外污染，并导致富营养化。该地区在人类医药、水产养殖和畜牧业中广泛使用抗生素，导致抗生素污染程度较高。Wang 等[73]通过对洪湖及其相关河流-池塘系统进行 2 次采样活动，调查了 7 个基因（6 个抗生素抗性基因和 1 个移动基因元件）、13 种不同的抗生素和 16 个常规水质参数，以及微生物群落组成情况。该研究结果表明，目标抗生素抗性基因的浓度在很大程度上取决于采样季节和地点。一般来说，在全球范围内，调查区域的抗生素抗性基因浓度适中。磺胺抗性基因 *sul1* 是洪湖水域及其周围的主要抗生素抗性基因之一。5 月的 *sul1* 浓度比 11 月高约 4 倍，但四环素抗性基因的浓度，尤其是 *tetb* 和 *tetc*，5 月时低于 11 月。这种差异可能是由于抗生素抗性基因的出现和分布受到多重压力或驱动。另外，还发现抗生素抗性基因浓度与抗生素、营养物质（N 和 P）浓度、移动基因元件（int1），以及厚壁菌门、变形菌门等的丰度相关。VPN 结果表明，环境参数（包括抗生素浓度和常规水质）和微生物群落揭示了该地区大约 89% 的抗生素抗性基因分布。人类活动，特别是农业活动，加剧了洪湖及其周边地区的污染水平。总的来说，该研究有四大发现：① 河流中抗生素抗性基因的流行率最高，其次是池塘和湖泊；② 营养素和抗生素与大多数抗生素抗性基因呈正相关；③ 微生物群落变化对抗生素抗性基因变异的贡献最为直接；④ 减少抗生素和富营养化水平可以降低抗生素抗性基因的风险。

该研究对湖泊中的抗生素抗性基因及其相关参数进行了系统调查，并为抗生素抗性基因和长江流域湖泊中的细菌群落提供了背景信息，其研究可以为通过调节湖泊影响因素来减少抗生素抗性基因污染提供新的思路。

4.3.8 全球海洋宏转录组研究

海洋微生物群落极大地影响着地球化学循环、食物网和气候。尽管最近科学家在理解海洋微生物的物种和基因组组成方面取得了进展，但对其转录组在全球范围内的变化知之甚少。Salazar 等[74]在全球 126 个采样点上采集了 187 个宏转录组和 370 个宏基因组样本，进行深度宏基因组测序，并构建了一个包含 4 700 万个基因的参考基因集，来研究全球海洋不同深度层的微生物群落的转录组。

在这项研究中，描述了微生物群落转录组组成的全球生物地理模式，并研究了这些组成的变化如何归因于群落更替和基因表达变化的潜在机制。此外，为了更好地预测海洋微生物群落对环境变化的反应，也对推动群落组成和多样性变化的生态因素开展了进一步研究。例如，研究者一致认为温度是全球范围内群落水平上基因组、转录组以及物种多样性差异的主要解释因素，尤其在北冰洋地区有广泛的影响(基于目前该地区不成比例的高升温率的预测)。值得注意的是，这项研究的分析是由一个系统的、因地制宜的、泛海洋的宏基因组和宏转录组数据集所支持的，该数据集与 OM-RGC v2 一起，补充了现有的为真核生物、原核生物和病毒开发的其他大型数据集。总之，这些将为在生态系统层面上理解海洋浮游生物的多样性、功能和跨生物研究奠定基础。为了达到这一目标，整合时间尺度的宏组学数据将非常重要，最好是来自全球的观测数据，以考虑季节变化和其他伴随的环境变化，如海洋的分层、酸化、营养有效性和脱氧。通过完善从基因到生态系统的模型，可以进一步为环境保护提供有效信息。

4.3.9　海洋微生物群落中的抗生素抗性基因研究

海洋微生物群落是地球上最丰富、最复杂的群落之一[75]。许多关于海洋微生物群落的研究揭示了大量基因和功能模块，已被用于深度数据挖掘[76]。这些基因和功能模块的分布受到许多内部和外部因素的影响，包括环境条件的差异、人为影响和水平基因转移[77]。为了保持生存，海洋微生物群落中的微生物通常会产生大量的功能基因，尤其是抗生素抗性基因。抗生素抗性基因对于宿主对抗生素的抵御具有重要作用，并且是决定微生物群落动态平衡的关键因素。长期以来，抗生素不仅在细菌感染的治疗中被广泛使用，而且也被广泛应用于农业和畜牧业中。海洋抗生素抗性基因的分布及关联表明它们可通过消除缺乏抗性的物种来改变群落结构；由于物种之间复杂的相互作用，可能会发生额外的变化，并且促进物种之间抗生素抗性基因的交换，反过来可能会改变群落结构。因此，抗生素抗性基因的研究在全球范围内变得越来越重要。然而，尚未在全球范围内对微生物群落结构与抗生素抗性基因之间的相关性进行全面研究[78]。

Yang 等[78]为了在全球范围内揭示微生物群落结构与抗生素抗性基因之间的综合关联，利用数据挖掘技术重新分析了来自塔拉海洋项目组的 132 个宏基因组数据集，并检查了微生物结构和抗生素抗性基因分布，它们的相关性通过对几个海洋主导属的抗生素抗性基因的富集分析得到证明。第一，调查了同一群落内细菌和原生生物的分布模式，并构建了共现网络来重建微生物群落。第二，确定了 1 926 种独特类型的抗生素抗性基因，发现抗生素抗性基因含量与海洋深度密切相关，并确定了几个在原生生物和细菌之间以抗生素抗性基因为主的水平基因转移事件的案例。第三，揭示富含抗生素抗性基因的属，包括黄杆菌属、交替单胞菌属和假交替单胞菌属，起到枢纽节点的作用，形成同现网络检测到的功能模块。第四，系统发育分析表明，富含抗生素抗性基因的属，如交替单胞菌属、假交替单胞菌属、海杆菌属和黄杆菌属，通常比其缺乏抗生素抗性基因的菌属更丰富。第五，通过分析黄杆菌属来探究分类结构和抗生素抗性基因之间的关系结果显示，黄杆菌属是一种常见的海洋属，是物种-物种共现网络中的中心节点。

该研究表明，对公共海洋宏基因组数据的深度挖掘有助于更好地理解群落结构与其关键基因(例如抗生素抗性基因)功能之间的关联。通过适当利用这些资源可以发现更深刻的关联甚至因果关系或模式。鉴于此，生物技术(宏基因组学)和信息技术(数据挖掘)的这种整合仍需要更多高质量的多尺度组学数据。这些方法可能有助于人们更好地理解人类活动如何影响抗生素抗性基因并随后影响细菌群落的过程和意义。

4.3.10 利用海洋宏基因组学预测新蛋白质家族

为了预测蛋白质的生物学功能，特别是对于那些新发现但尚未解析结构的蛋白质，基于计算机的结构预测可以发挥重要作用。Rost[79]基于蛋白质数据库中已得到结构的蛋白质作为模板进行同源搜索建模。根据同源性进行蛋白质结构预测是比较可靠的预测方法之一，然而，当模板的同源性水平降低(通常与查询的序列同一性 $< 30\%$)时，建模精度会急剧下降。无模板建模方法(或从头建模)对于预测那些在蛋白质数据库中没有存储的蛋白质结构方面具有较大潜力。然而，由于在力场中缺乏可靠的长程原子相互作用，传统的基于物理的无模板建模方法的成功率很低，精度非常有限，只能成功预测大约 100 个氨基酸长度的小蛋白质。

海洋微生物组是最大的微生物组之一，通过光合作用或化学合成产生地球上近一半的初级能量。特别是，海洋微生物组的结构和功能与人类和动物蛋白质几乎没有重叠。然而，面向海洋的微生物基因组对接触图谱和蛋白质结构和功能预测的具体影响仍有待研究。Kamisetty 等[61]使用 Gremlin 方法采用协同进化耦合分析(coevolutionary coupling analysis, CCA)进行接触预测，当同源序列数量较多时，该方法的预测效果较好，但当序列缺乏足够的同源序列时，该方法的预测效果急剧下降。Michel 等[80]为了将准确的接触预测扩展到数千个更小的蛋白质家族，提出了 PconsC3。这是一种快速和改进的蛋白质接触预测方法，可以用于甚至有 100 个有效序列成员的家族。PconsC3 优于直接耦合分析(direct coupling analysis, DCA)方法，显著独立于族大小、二级结构内容、接触范围或所选接触数。基于深度学习的方法发现了进一步提高接触图谱预测精度的重要作用，其中，当联合进化矩阵与深度卷积神经网络耦合时，远程接触映射(对 3D 结构装配尤其重要)的精度比基于协同进化耦合分析的方法提高近 2 倍。

Wang 等[81]开发了一个新的管道，将 C-QUARK 与来自 Tara Oceans 数据库的海洋微生物组序列集成，以检查尖端无模板建模方法在全基因组结构建模和功能注释方面的能力，重点是关于海洋微生物组对选择性 Pfam 家族的具体影响。在这里，C-QUARK 是一种新的从头算结构组装方法，它将 QUARK 与来自多个最先进的接触预测器的接触图预测相结合。在最近的 CASP13 实验中，C-QUARK 为 45 个 FM 和 FM/TBM 域中的 33 个生成了正确的折叠(TM 分数 >0.5)，这代表实验中所有自动化服务器中 FM 目标的最高折叠率。C-QUARK 的优势之一在于 QUARK 模拟的能力，即使没有模板和接触图预测的帮助，它也可以折叠许多具有中低质量模型的序列。

该研究将 C-QUARK 与基于新 Tara Oceans 数据库的深度学习方法相结合，显著提高了结构预测的能力，可以得到许多基于之前的方法和数据资源无法获得的蛋白质家族的功能。

4.3.11 重症监护病房微生物研究

室内环境中广泛存在的微生物群落可能通过微生物传播、定植和新陈代谢与某些疾病相关联，这可能会影响居住者的健康[82]。医院病房是特殊的公共室内环境，在患者住院时间较长并接受抗生素治疗的病房中，合并感染的发生频率较高，这可能会降低治疗效果，所以微生物组的结构和健康风险备受关注[83]。此外，医院环境可能成为导致医疗保健相关感染的病原体储存库，因此，监测医院环境中细菌的传播模式，尤其是重要的医院病原体，对于降低患者合并感染的风险和提高医疗保健系统的效率至关重要。

Chen 等[84]探索了 ICU 与非 ICU 病房中不同的细菌群落。通过微生物源追踪阐明了它们不同的传播模式，结果表明床栏和地板分别是 2 个病房的枢纽。链球菌、葡萄球菌被确定为“易转移类群”，在 ICU 和非 ICU 环境中均发现具有潜在致病性和病例记录。此外，还在医院环境中检测到另外 15 个致病菌属，包括假单胞菌属和不动杆菌，并绘制了这些病原微生物如何影响患者的图表，表明病原体从环境传播到 ICU 患者的途径要更强。总的来说，该研究表明病房内病原体传播的可能性不容忽视，这种传播模式对 ICU 患者的潜在影响更为深远。基于这些发现，研究者追踪了特定致病物种的可能传播途径。由于分类学识别的分辨率仅限于属水平，手动收集映射到物种水平的 3 个分类群：金黄色葡萄球菌、门多菌假单胞菌和黑色素普氏菌，它们被认为是医院内的病原体。同时，观察到金黄色葡萄球菌的丰度更高，尤其是在患者的前额和鼻孔中。

这项工作调查了医院环境中的细菌传播模式，突出了可能从环境转移到人类并导致医院感染的病原菌属，可为医疗保健系统监测和避免合并感染提供指导。

4.3.12 微生物溯源研究

随着微生物组数据资源的积累，人们对微生物的分布和功能，以及其对人类健康的作用等方面的认识也逐渐加深。丰富的数据集为微生物组学的研究提供了机会，但微生物组群落通常由几种环境来源组成，包括不同的污染物以及与采样栖息地相互作用的其他微生物群落，这也为其研究带来了挑战。为了解决这个问题，微生物源跟踪的方法得以诞生，可实现目标微生物群落中不同微生物样品（来源）的比例或比例的量化。

传统上的微生物来源跟踪是在量化污染的背景下构建的，现在已用于多种其他情况（如对 ICU 患者进行特征分析，通过阴道微生物测量剖宫产婴儿的微生物群的恢复情况）。SourceTracker[85]是迄今为止微生物源追踪最广泛使用的方法，它利用给定群落的结构使用贝叶斯方法来测量群落与潜在源环境之间的相似度，以此来估算给定群落中污染物的比例，为该领域做出了重大贡献。

快速准确的微生物来源分析一直是本领域的难点，SourceTracker 虽然在许多性能上有了很大的提升，但仍有速度慢、准确率不高的问题。2019年6月，一种新的溯源方法——FEAST被开发，它有效解决了之前方法的一些限制，可以实现快速、更准确的微生物来源追踪。FEAST将微生物样品划分为其源成分的速度比最新方法快30～300倍，在某些情况下，FEAST将运行时间从数天或数周缩短至数小时。FEAST的计算效率使它能够及时地同时估算成千上万个潜在的源环境，从而帮助阐明复杂的微生物群落的起源。FEAST是基于R语言开发的，保证了方法跨平台的可用性。此外，其在分类问题中也比JSD、加权UniFrac指标有更好的AUC值，比以前的方法更准确，尤其是当目标微生物群落包含来自未知来源的分类单元时。

4.3.13　本体感知深度学习应用于微生物溯源的研究

随着来自世界各地不同生态位（生物群落）的微生物群落样本的快速积累，以及存入公共数据库的大量测序数据，关于微生物群落及其对环境和人类健康影响的知识迅速增长。如此庞大的微生物群落样本为研究微生物群落之间不明显的进化和生态模式提供了机会，尤其是栖息地特定模式。微生物群落样本的分类组成通常由层次结构的类群及其相对丰度（也称为群落结构）表示，这些类群协同工作以维持微生物群落的稳定性及其对特定环境的适应性。一般来说，来自同一生物群落的微生物群落样本往往具有相似的群落结构，而这种相似性高度依赖于生物群落层。微生物源跟踪在疾病诊断、早期发育、怀孕和移民等方面已取得很大的进展，而对综合性、大规模和可扩展性调查的研究却不足。

之前已经提出的几种用于微生物群落来源追踪的方法通常可以分为两类：基于距离的方法，例如Jensen-Shannon Divergence（JSD）[86]、Striped UniFrac[87]和Meta-Prism[68]；基于贝叶斯算法和FEAST[88]的无监督机器学习方法，如SourceTracker。然而，这些方法的局限性是显而易见的：首先，目前的方法适用于小规模的源跟踪研究，但无监督方法面临着源跟踪精度和效率之间的权衡，因此仅限于少数源跟踪。在合理的时间内从少数生物群落中采集数百个样本。其次，当源跟踪研究的背景发生在极其复杂的环境中时，研究人员通常对样本的背景知识了解较少，导致源跟踪精度低。在此情况下，微生物群落的实际来源信息往往都是未知数。

为了解决这些限制，Zha等[89]开发了ONN4MST，一种用于微生物源跟踪的本体感知神经网络（ONN）计算模型。本体感知神经网络模型采用了一种新颖的本体感知方法，该方法鼓励满足“生物组本体”的预测。换言之，本体感知神经网络模型可以利用生物群落本体信息对生物群落之间的依赖关系进行建模，并估计社区样本中各种生物群落的比例。已发表的关于本体感知分层分类器的研究显示了将本体结构编码到神经网络中的优势，例如PHENOstruct[90]和DeepPheno。值得注意的是，ONN4MST使用大量数据(截至2020年，来自114个生物群落的125 823个样本，占MGnify项目的一半以上)来训练模型，使其适用于源跟踪样本来自许多生物群落。ONN4MST提供了一种超快(小于0.1秒)和准确(大多数情况下AUC高于0.97)的解决方案，用于针对包含数百个潜在生物群落和数百万个样本的数据集搜索样本，并且表现优于当前可扩展性和稳定性方面的方法。ONN4MST在知识发现方面的能力也在各种源跟踪应用程序中得到了证明：它可以对以前研究较少或未知的样本进行源跟踪，检测微生物污染物。

4.3.14 迁移学习应用于微生物分类研究

微生物群落分类已在不同的环境中得到应用(如在多个类别之间进行分类，包括栖息地、宿主或相关疾病)。例如，Zeller等[91]使用粪便样本的宏基因组测序来确定分类标志，这些标志将结直肠癌患者与156名参与者的研究人群中的无肿瘤对照区分开来，并报道了来自不同阶段结直肠癌(例如Ⅰ、Ⅱ、Ⅲ和Ⅳ期)患者肠道的数千个微生物群落样本，在这种情况下分类的目的是将肠道微生物群落样本分配给正确的结直肠癌阶段。一般来说，微生物群落分类的复杂程度与类别数呈正相关，与群落样本数呈负相关，对于涉及多疾病类别但样本数量有限的，例如对跨越10种疾病的28个病例对照微生物研究中的4 026个样本进行分类时，对于特定疾病的预测精度很低，基于微生物组的分类是不切实际的。

目前的微生物群落分类方法在处理如此重要的复杂关系和生物群落特定模式方面存在局限性。当只有少数样本的生物群落时，变得非常困难，这是一个“大数据，小样本”问题。随机森林模型适用于大量样本之间的分类，已在许多领域中得到应用，如实足年龄预测和粪便来源识别。SourceTracker[85]和FEAST[88]是微生物群落分类的2种具有代表性的无监督学习方法。这些无监督学习方法基于轮廓的统计模型，如Chong等[92]提出了一种基于迁移学习的精确且普遍的微生物群落分类专家模型，即EXPERT。EXPERT采用本体感知神经网络框架并在效率和准确性之间的权衡方面获得优势。更重要的是，EXPERT 受益于迁移学习技术，该技术使分类模型能够适应多种环境，特别是那些从大量生物群落或类别中分类少数社区样本的环境。具体来说，EXPERT 利用迁移学习技术构建转移本体感知神经网络模型，该模型继承了通用本体感知神经网络模型（如 ONN4MST 的通用本体感知神经网络模型）的部分参数（即权重）。因此，可以利用基本模型（如通用本体感知神经网络模型）的知识来帮助学习转移的本体感知神经网络模型。研究者评估了 EXPERT 对 MGnify 中新存储的微生物群落数据的效率和准确性，展示了它在不同环境下对社区样本分类的适应性，包括：① 不同的身体部位；② 不同的宿主年龄；③ 不同的疾病；④ 结直肠癌的不同阶段。EXPERT 在这些背景下的分析表明，其在广谱背景下的微生物组样本分类方面表现出色。

总的来说，环境微生物组数据的分析和挖掘是当今微生物群落分析中涵盖面较广的一个方向，而且直接关系到环境保护、地球变暖、可持续发展等人类命运共同体相关重大问题。本部分的案例包括土壤、水体等自然环境，以及种植环境、水处理环境、医院环境等人造环境或半人造环境中微生物群落的分析和解读。同时也介绍了环境领域分析的经典方法和策略。环境微生物组数据所涵盖的范围如此之广，有兴趣的读者甚至可以自己设计方案，分析周围的环境微生物群落特征。

小结

本章通过案例的形式，介绍了微生物组研究的广泛应用。

首先，微生物广泛存在于动物体内，微生物稳态与其健康状况以及宿主生命活动的开展具有重要关系。针对不同生物进行微生物组数据分析对生物本身以及人类发展需求都具有重要意义。

其次，微生物组研究与人类疾病等重要健康相关问题密不可分。肠道微生物在人体免疫、代谢和消化等功能中发挥着重要作用，然而菌群紊乱也会引发一系列疾病，如肠易激综合征、糖尿病、非酒精性脂肪肝等许多慢性疾病。另一方面，肠道微生物的个体间差异非常大，年龄、性别、饮食、体育锻炼等不同的生活习惯会塑造不同的肠道菌群微生物群落结构，进一步对疾病的发生和发展产生不一样的影响。因此，针对各类疾病进行微生物组学特异性研究对于疾病的预测、预后具有积极作用。

再次，微生物组研究被广泛应用于环境工程领域。微生物在维持与海洋生命息息相关的过程中起着根本的作用，包括初级生产力、营养循环和寄主生理功能。微生物组数据挖掘的工程化应用可以解决环境治理和生物制造等方面的问题。因此，进行海洋微生物多样性的研究对于海洋环境保护具有重要意义。

总之，目前微生物组的研究已经深入人体健康、动植物保护、环境监控、工业生产等各个领域，并发挥着越来越重要的作用。随着微生物组整合与挖掘技术的不断提供，以及人们对微生物群落理解的不断深入，微生物组在应用领域的广度和深度也会不断拓展和深化。

参考文献

[1] 曲泽鹏，陈沫先，曹朝辉，等.合成微生物群落研究进展.合成生物学，2020，1(6)：621-634.

[2] Cheng M, Cheng Z, Yu Y, et al. An engineered genetic circuit for lactose intolerance alleviation. BMC Biology, 2021, 19(1): 137.

[3] Goulson D, Nicholls E, Botías C, et al. Bee declines driven by combined stress from parasites, pesticides, and lack of flowers. Science, 2015, 347(6229): 1255957.

[4] Cameron S A, Lozier J D, Strange J P, et al. Patterns of widespread decline in North American bumble bees. Proc Natl Acad Sci USA, 2011, 108(2): 662-667.

[5] Rothman J A, Leger L, Graystock P, et al. The bumble bee microbiome increases survival of bees exposed to selenate toxicity. Environ Microbiol, 2019, 21(9): 3417-3429.

[6] Kim P S, Shin N R, Lee J B, et al. Host habitat is the major determinant of the gut microbiome of fish. Microbiome, 2021, 9(1): 166.

[7] Zhu X, Ji L, Cheng M, et al. Sustainability of the rice-crayfish co-culture aquaculture model: microbiome profiles based on multi-Kingdom analyses. Environ Microbiome, 2022, 17(1): 27.

[8] Hu N J, Liu C H, Chen Q, et al. Life cycle environmental impact assessment of rice-crayfish integrated system: a case study. J Clean Prod, 2021, 280: 124440.

[9] Ning K, Ji L, Zhang L, et al. Is rice-crayfish co-culture a better aquaculture model: from the perspective of antibiotic resistome profiles. Environ Pollut, 2022, 292: 118450.

[10] Mon K K Z, Zhu Y, Chanthavixay G, et al. Integrative analysis of gut microbiome and metabolites revealed novel mechanisms of intestinal *Salmonella* carriage in chicken. Sci Rep, 2020, 10(1): 4809.

[11] Funosas G, Triadó-Margarit X, Castro F, et al. Individual fate and gut microbiome composition in the European wild rabbit (*Oryctolagus cuniculus*). Sci Rep, 2021, 11(1): 766.

[12] Chen C Y, Zhou Y Y, Fu H, et al. Expanded catalog of microbial genes and metagenome-assembled genomes from the pig gut microbiome. Nat Commun, 2021, 12(1): 1106.
[13] 周学东,徐健,施文元.人类口腔微生物组学研究:现状、挑战及机遇.微生物学报,2017,57(6):806-821,792.
[14] Li Z M, Xia J J, Jiang L, et al. Characterization of the human skin resistome and identification of two microbiota cutotypes. Microbiome, 2021, 9(1): 47.
[15] Wang J F, Jia Z, Zhang B, et al. Tracing the accumulation of *in vivo* human oral microbiota elucidates microbial community dynamics at the gateway to the GI tract. Gut, 2020, 69(7): 1355-1356.
[16] Verma D, Garg P K, Dubey A K. Insights into the human oral microbiome. Arch Microbiol, 2018, 200(4): 525-540.
[17] MacIntyre D A, Chandiramani M, Lee Y S, et al. The vaginal microbiome during pregnancy and the postpartum period in a European population. Sci Rep, 2015, 5(1): 8988.
[18] Clemente J, Ursell L, Parfrey L, et al. The impact of the gut microbiota on human health: an integrative view. Cell, 2012, 148(6): 1258-1270.
[19] Libertucci J, Young V B. The role of the microbiota in infectious diseases. Nat Microbiol, 2019, 4(1): 35-45.
[20] Azkur A K, Akdis M, Azkur D, et al. Immune response to SARS-CoV-2 and mechanisms of immunopathological changes in COVID-19. Allergy, 2020, 75(7): 1564-1581.
[21] Rajagopala S V, Vashee S, Oldfield L M, et al. The human microbiome and cancer. Cancer Prev Res (Phila), 2017, 10(4): 226-234.
[22] Poore G D, Kopylova E, Zhu Q Y, et al. Microbiome analyses of blood and tissues suggest cancer diagnostic approach. Nature, 2020, 579(7800): 567-574.
[23] Han M Z, Yang K, Yang P S, et al. Stratification of athletes' gut microbiota: the multifaceted hubs associated with dietary factors, physical characteristics and performance. Gut Microbes, 2020, 12(1): 1842991.
[24] Forslund K, Hildebrand F, Nielsen T, et al. Disentangling type 2 diabetes and metformin treatment signatures in the human gut microbiota. Nature, 2015, 528(7581): 262-266.
[25] Komaroff A L. The microbiome and risk for obesity and diabetes. JAMA, 2017, 317(4): 355-356.
[26] Vangay P, Johnson A J, Ward T L, et al. US immigration westernizes the human gut microbiome. Cell, 2018, 175(4): 962-972.e910.
[27] Costea P I, Hildebrand F, Arumugam M, et al. Enterotypes in the landscape of gut microbial community composition. Nat Microbiol, 2018, 3(1): 8-16.
[28] Enck P, Aziz Q, Barbara G, et al. Irritable bowel syndrome. Nat Rev Disease Prim,

2016, 2(1): 16014.
[29] Vuik F, Dicksved J, Lam S Y, et al. Composition of the mucosa-associated microbiota along the entire gastrointestinal tract of human individuals. United European Gastroenterol J, 2019, 7(7): 897 - 907.
[30] Vasapolli R, Schütte K, Schulz C, et al. Analysis of transcriptionally active bacteria throughout the gastrointestinal tract of healthy individuals. Gastroenterology, 2019, 157(4): 1081 - 1092.e3.
[31] Sankaran K, Holmes S P. Latent variable modeling for the microbiome. Biostatistics, 2019, 20(4): 599 - 614.
[32] Johnson A J, Vangay P, Al-Ghalith G A, et al. Daily sampling reveals personalized diet-microbiome associations in humans. Cell Host Microbe, 2019, 25(6): 789 - 802.e5.
[33] Ayeni F A, Biagi E, Rampelli S, et al. Infant and adult gut microbiome and metabolome in rural bassa and urban settlers from Nigeria. Cell Rep, 2018, 23(10): 3056 - 3067.
[34] Fujisaka S, Avila-Pacheco J, Soto M, et al. Diet, Genetics, and the gut microbiome drive dynamic changes in plasma metabolites. Cell Rep, 2018, 22(11): 3072 - 3086.
[35] Yassour M, Vatanen T, Siljander H, et al. Natural history of the infant gut microbiome and impact of antibiotic treatment on bacterial strain diversity and stability. Sci Transl Med, 2016, 8(343): 343ra381.
[36] Liu H, Han M Z, Li S C, et al. Resilience of human gut microbial communities for the long stay with multiple dietary shifts. Gut, 2019, 68(12): 2254 - 2255.
[37] Stewart C J, Ajami N J, O'brien J L, et al. Temporal development of the gut microbiome in early childhood from the TEDDY study. Nature, 2018, 562(7728): 583 - 588.
[38] Galkin F, Mamoshina P, Aliper A, et al. Human gut microbiome aging clock based on taxonomic profiling and deep learning. iScience, 2020, 23(6): 101199.
[39] Xavier J B, Young V B, Skufca J, et al. The cancer microbiome: distinguishing direct and indirect effects requires a systemic view. Trends Cancer, 2020, 6(3): 192 - 204.
[40] Yuan J, Chen C, Cui J H, et al. Fatty liver disease caused by high-alcohol-producing *Klebsiella pneumoniae*. Cell Metab, 2019, 30(4): 675 - 688.e7.
[41] Huet G. Breeding for resistances to *Ralstonia solanacearum*. Front Plant Sci, 2014, 5: 715.
[42] Zhu X, Hong G C, Li Y, et al. Understanding of the site-specific microbial patterns towards accurate identification for patients with diarrhea-predominant irritable bowel syndrome. Microbiol Spectr, 2021, 9(3): e0125521.
[43] Almutairi K, Nossent J, Preen D, et al. The global prevalence of rheumatoid arthritis: a meta-analysis based on a systematic review. Rheumatol Int, 2021, 41(5): 863 - 877.
[44] Steinbrocker O, Traeger C H, Batterman R C. Therapeutic criteria in rheumatoid

arthritis. J Am Med Assoc, 1949, 140(8): 659 - 662.
[45] Cheng M Y, Zhao Y, Cui Y, et al. Stage-specific roles of microbial dysbiosis and metabolic disorders in rheumatoid arthritis. Ann Rheum Dis, 2022, 81(12): 1669 - 1677.
[46] Jain M, Koren S, Miga K H, et al. Nanopore sequencing and assembly of a human genome with ultra-long reads. Nat Biotechnol, 2018, 36(4): 338 - 345.
[47] Caporaso J G, Kuczynski J, Stombaugh J, et al. QIIME allows analysis of high-throughput community sequencing data. Nat Methods, 2010, 7(5): 335 - 336.
[48] Chen H, Wang Z N, Liu H, et al. Variable sediment methane production in response to different source-associated sewer sediment types and hydrological patterns: role of the sediment microbiome. Water Res, 2021, 190: 116670.
[49] Hutchins D A, Fu F X. Microorganisms and ocean global change. Nat Microbiol, 2017, 2: 17058.
[50] Clark D R, Ferguson R M W, Harris D N, et al. Streams of data from drops of water: 21st century molecular microbial ecology. Wiley Interdiscip Rev Water, 2018, 5(4): e1280.
[51] Dujardin C E, Mars R A T, Manemann S M, et al. Impact of air quality on the gastrointestinal microbiome: a review. Environ Res, 2020, 186: 109485.
[52] Liang C, Amelung W, Lehmann J, et al. Quantitative assessment of microbial necromass contribution to soil organic matter. Glob Change Biol, 2019, 25(11): 3578 - 3590.
[53] Bottery M J, Pitchford J W, Friman V P. Ecology and evolution of antimicrobial resistance in bacterial communities. ISME J, 2021, 15(4): 939 - 948.
[54] Lopatkin A J, Collins J J. Predictive biology: modelling, understanding and harnessing microbial complexity. Nat Rev Microbiol, 2020, 18(9): 507 - 520.
[55] Hidalgo K J, Saito T, Silva R S, et al. Microbiome taxonomic and functional profiles of two domestic sewage treatment systems. Biodegradation, 2021, 32(1): 17 - 36.
[56] Shen Y P, Liao Y L, Lu Q, et al. ATP and NADPH engineering of Escherichia coli to improve the production of 4-hydroxyphenylacetic acid using CRISPRi. Biotechnol Biofuels, 2021, 14(1): 100.
[57] Versluis D, D'Andrea M M, Ramiro Garcia J, et al. Mining microbial metatranscriptomes for expression of antibiotic resistance genes under natural conditions. Sci Rep, 2015, 5(1): 11981.
[58] Hannigan G D, Prihoda D, Palicka A, et al. A deep learning genome-mining strategy for biosynthetic gene cluster prediction. Nucleic Acids Res, 2019, 47(18): 18.
[59] Nishida K, Kondo A. CRISPR-derived genome editing technologies for metabolic engineering. Metab Eng, 2021, 63: 141 - 147.
[60] Fierer N. Embracing the unknown: disentangling the complexities of the soil microbiome. Nat Rev Microbiol, 2017, 15(10): 579 - 590.

[61] Kamisetty H, Ovchinnikov S, Baker D. Assessing the utility of coevolution-based residue-residue contact predictions in a sequence- and structure-rich era. Proc Nat Acad Sci USA, 2013, 110(39): 15674 - 15679.

[62] Zhong C F, Chen C Y, Gao X, et al. Multi-omics profiling reveals comprehensive microbe-plant-metabolite regulation patterns for medicinal plant *Glycyrrhiza uralensis* Fisch. Plant Biotechnol J, 2022, 20(10): 1874 - 1887.

[63] Kojoma M, Hayashi S, Shibata T, et al. Variation of glycyrrhizin and liquiritin contents within a population of 5-year-old licorice (*Glycyrrhiza uralensis*) plants cultivated under the same conditions. Biol Pharm Bull, 2011, 34(8): 1334 - 1337.

[64] Carrey R, Ballesté E, Blanch A R, et al. Combining multi-isotopic and molecular source tracking methods to identify nitrate pollution sources in surface and groundwater. Water Res, 2021, 188: 116537.

[65] Ouedraogo I, Defourny P, Vanclooster M. Mapping the groundwater vulnerability for pollution at the pan African scale. Sci Total Environ, 2016, 544: 939 - 953.

[66] Ji L, Wang Z, Zhang L, et al. Determining the primary sources of groundwater bacterial communities in a large-scale plain area: Microbial source tracking and interpretation for different land use patterns. Agric Ecosyst Environ, 2022, 338: 108092.

[67] Zou H Y, He L Y, Gao F Z, et al. Antibiotic resistance genes in surface water and groundwater from mining affected environments. Sci Total Environ, 2021, 772: 145516.

[68] Zhu M, Kang K, Ning K. Meta-Prism: ultra-fast and highly accurate microbial community structure search utilizing dual indexing and parallel computation. Brief Bioinform, 2021, 22(1): 557 - 567.

[69] Yin H L, Cai Y W, Li G Y, et al. Persistence and environmental geochemistry transformation of antibiotic-resistance bacteria/genes in water at the interface of natural minerals with light irradiation. Crit Rev Environ Sci Technol, 2022, 52(13): 2270 - 2301.

[70] Zhang L, Ji L, Liu X, et al. Linkage and driving mechanisms of antibiotic resistome in surface and ground water: Their responses to land use and seasonal variation. Water Res, 2022, 215: 118279.

[71] Kümmerer K. Antibiotics in the aquatic environment — A review — Part I. Chemosphere, 2009, 75(4): 417 - 434.

[72] Laffite A, Kilunga P I, Kayembe J M, et al. Hospital effluents are one of several sources of metal, antibiotic resistance genes, and bacterial markers disseminated in sub-saharan urban rivers. Front Microbiol, 2016, 7: 1128.

[73] Wang Z, Han M Z, Li E H, et al. Distribution of antibiotic resistance genes in an agriculturally disturbed lake in China: Their links with microbial communities, antibiotics, and water quality. J Hazard Mater, 2020, 393: 122426.

[74] Salazar G, Paoli L, Alberti A, et al. Gene expression changes and community turnover differentially shape the global ocean metatranscriptome. Cell, 2019, 179(5): 1068 - 1083.e21.
[75] Love C R, Arrington E C, Gosselin K M, et al. Microbial production and consumption of hydrocarbons in the global ocean. Nat Microbiol, 2021, 6(4): 489 - 498.
[76] Tsementzi D, Wu J Y, Deutsch S, et al. SAR11 bacteria linked to ocean anoxia and nitrogen loss. Nature, 2016, 536(7615): 179 - 183.
[77] Fan X, Qiu H, Han W T, et al. Phytoplankton pangenome reveals extensive prokaryotic horizontal gene transfer of diverse functions. Sci Adv, 2020, 6(18): eaba0111.
[78] Yang P S, Hao S G, Han M Z, et al. Analysis of antibiotic resistance genes reveals their important roles in influencing the community structure of ocean microbiome. Sci Total Environ, 2022, 823: 153731.
[79] Rost B. Twilight zone of protein sequence alignments. Protein Eng, 1999, 12(2): 85 - 94.
[80] Michel M, Skwark M J, Menéndez Hurtado D, et al. Predicting accurate contacts in thousands of Pfam domain families using PconsC3. Bioinformatics, 2017, 33(18): 2859 - 2866.
[81] Wang Y, Shi Q, Yang P S, et al. Fueling *ab initio* folding with marine metagenomics enables structure and function predictions of new protein families. Genome Biol, 2019, 20(1): 229.
[82] Gilbert J A, Stephens B. Microbiology of the built environment. Nat Rev Microbiol, 2018, 16(11): 661 - 670.
[83] Hoisington A J, Brenner L A, Kinney K A, et al. The microbiome of the built environment and mental health. Microbiome, 2015, 3(1): 60.
[84] Chen J W, Ji L, Xiong G Z, et al. The distinct microbial community patterns and pathogen transmission routes in intensive care units. J Hazard Mater, 2023, 441: 129964.
[85] Knights D, Kuczynski J, Charlson E S, et al. Bayesian community-wide culture-independent microbial source tracking. Nat Methods, 2011, 8(9): 761 - 763.
[86] Lin J. Divergence measures based on the Shannon entropy. IEEE Trans Inf Theory, 1991, 37(1): 145 - 151.
[87] Lozupone C, Knight R. UniFrac: a new phylogenetic method for comparing microbial communities. Appl Environ Microbiol, 2005, 71(12): 8228 - 8235.
[88] Shenhav L, Thompson M, Joseph T A, et al. FEAST: fast expectation-maximization for microbial source tracking. Nat Methods, 2019, 16(7): 627 - 632.
[89] Zha Y G, Chong H, Qiu H, et al. Ontology-aware deep learning enables ultrafast and interpretable source tracking among sub-million microbial community samples from

hundreds of niches. Genome Med, 2022, 14(1): 43.

[90] Kahanda I, Funk C, Verspoor K, et al. PHENOstruct: Prediction of human phenotype ontology terms using heterogeneous data sources. F1000Research, 2015, 4: 259.

[91] Zeller G, Tap J, Voigt A Y, et al. Potential of fecal microbiota for early-stage detection of colorectal cancer. Mol Syst Biol, 2014, 10(11): 766.

[92] Chong H, Zha Y G, Yu Q Y, et al. EXPERT: transfer learning-enabled context-aware microbial community classification. Brief Bioinform, 2022, 23(6): bbac396.

第5章

微生物组大数据挖掘的发展趋势和未来态势

微生物组数据挖掘和临床应用方兴未艾，已经形成了较为成熟的测序和分析流程、数据库和分析平台，以及产生了大量的成功应用案例。然而，随着越来越多微生物组大数据的生成，对于更广泛和深入的微生物组应用研究提出了新要求。就目前来说，微生物数据挖掘和临床应用在数据整合、数据挖掘、数据深度理解等方面还存在巨大的鸿沟，亟需系统性、智能化的生物信息学分析。

本书通过理论联系实际的方法，介绍了微生物组学特别是微生物组大数据和数据挖掘方面的基本知识、基本数据库和基础分析方法、人工智能在微生物组研究中的方法和应用、微生物组大数据挖掘典型应用案例等。通过阅读本书，读者应该能够全面掌握微生物组学的基本知识，尤其是大数据挖掘分析的相关方法，以及人工智能赋能的微生物组大数据挖掘方法，并能够通过实例指导自己的项目设计与分析。

尤其重要的是，微生物组数据的整理和挖掘，将从多方面促进临床微生物相关的研究。例如，患者肠道微生物群落中关键物种的发掘，将有助于特定疾病的早期预测；患者肠道微生物群落网络的分析，将有助于恢复肠道微生态稳定；医院卫生环境的监控，将有助于病原菌溯源和控制，等等。同时，微生物组数据的整理和挖掘，还将在环境领域、工程领域等广泛应用，发挥重要的推动作用。最后，基于微生物组大数据的基因挖掘，也将推动天然抗性基因发掘、各类功能基因发掘、可成药多肽和蛋白设计、合成生物学元件挖掘等多个领域的突破性发展。从另一个角度来说，针对微生物组大数据挖掘的人工智能方法开发和应用，也将为人工智能的发展带来无数的问题，进而推动人工智能方法的开发，尤其是针对以微生物组大数据为代表的异质性海量数据的挖掘方法的开发。

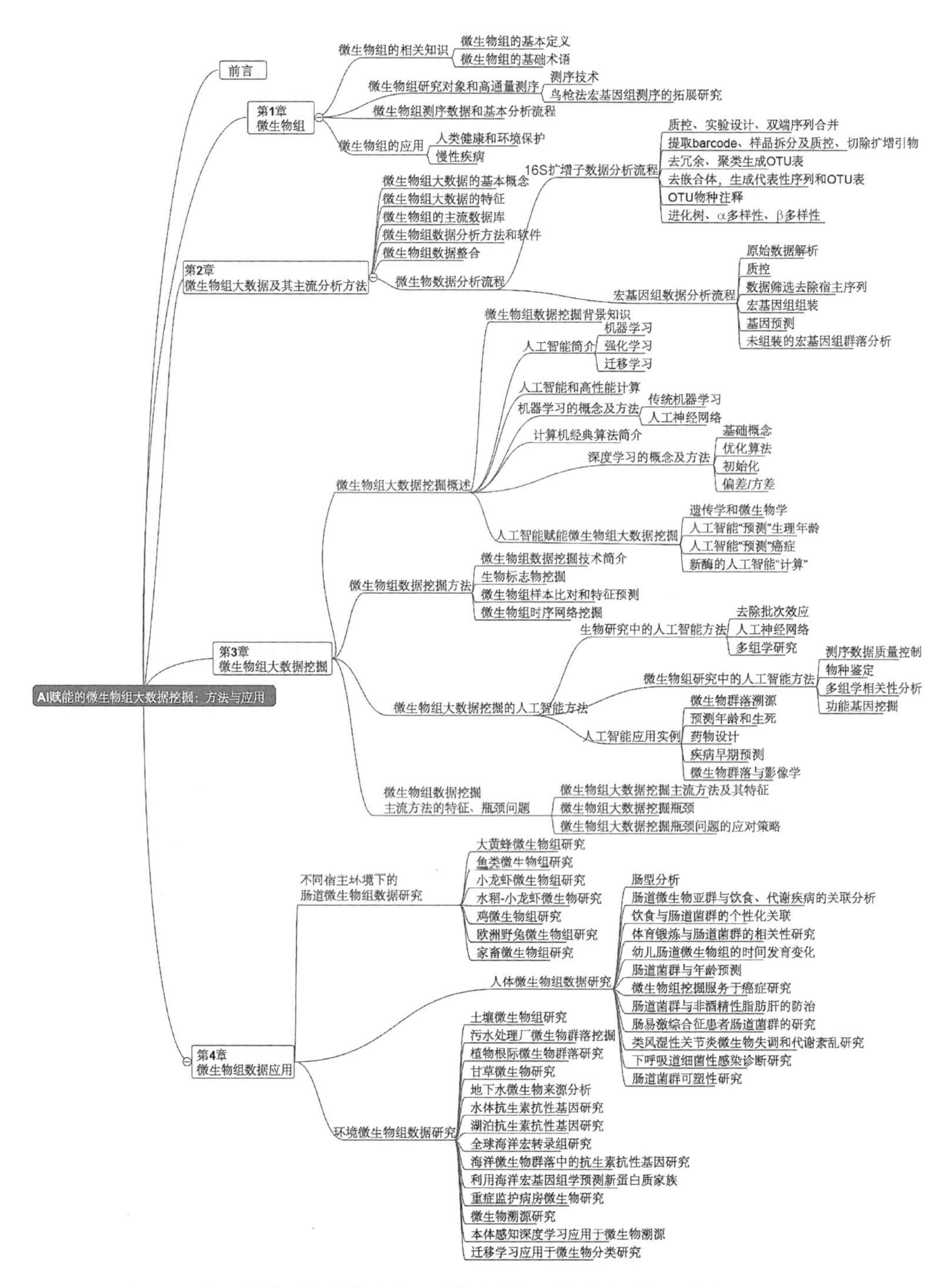

图 5.1 人工智能赋能的微生物组大数据挖掘：从方法到应用的宏观知识图谱

5.1　人工智能赋能的微生物组大数据挖掘的总体知识框架

为了让读者能够更好地回顾内容并加深印象，我们通过思维导图的形式总结如图 5.1 所示，包括 4 个部分：微生物组的基本知识、微生物组的主要数据分析方法、微生物组的大数据挖掘和微生物组的大数据挖掘应用。

作为第一部分内容，微生物组学的研究意义、方法和应用都只做了大致介绍，具体的方法和案例均放到后面的章节进行介绍。

我们希望在读者脑中构建起一个微生物组研究，尤其是人工智能赋能的微生物组大数据挖掘的整体框架：微生物组学是一门交叉型学科，其科学问题从微生物群落而来，通过对样本的高通量测序和多角度的数据挖掘分析，回答具体科学问题，同时将相关数据和方法共享，为全世界同行的进一步数据整理和挖掘提供资料。通过以上整体研究框架，微生物组学的研究能够层层深入，在不断积累数据和方法的同时，回答更为深入的科学问题。

5.2　新技术和新发现驱动微生物组研究的不断进步

值得指出的是，微生物组的研究是一个较为前沿和不断更新的领域，相关数据整合与分析方法迭代较快。本书只介绍了微生物组的基本知识、面向微生物组数据生物信息学分析的基本方法，以及微生物组学研究的经典应用。通过这些内容的介绍，希望读者能举一反三，并能够运用于自己的研究项目中。

新技术和新发现驱动的微生物组研究新成果层出不穷，以下仅列 4 例。

第一，微生物的绝对定量与疾病研究。已有工作表明，尽管很多疾病和人体肠道菌群中不同物种的相对含量有关，但是也有一些疾病和人体肠道菌群中不同物种的相对含量并无太大关联性。尤其值得注意的是，2017 年的一项工作[1]表明，在比较克罗恩病患者和健康人的肠道微生物群落组成过程中，尽管相对数据能基于微观生物群落区分患者和健康对照，但是只有绝对定量数据分析鉴定到的微生物总丰度降低才是引起克罗恩病患者肠道微生物结构发生改变的根本原因。该工作通过将扩增子测序和微生物的流式细胞计数结合在一起，从而构建出粪便的定量微生物组谱的工作流程。通过这种绝对定量方法，观察到健康个体间的微生物载量有多达 10 倍的差异，并且这种变化与肠型分化有关。该工作展示了微生物丰度如何对个体之间的微生物群落变异和与宿主表型的共变研究提供支持。绝对定量分析在肠道微生物相互作用重建中避免了组成性效应，并揭示了类杆菌和普雷沃菌之间的平衡只是以前微生物相对定量分析的一种假象。最后，该工作确定微生物载量才是克罗恩病患者微生物群落变化的主要驱动力，主要与低细胞数的类杆菌相关。

此工作的重要性是多方面的：首先，指出了针对微生物群落绝对定量这一技术的重要性；其次，给出了一个具体的案例来支撑微生物群落绝对定量在临床上的重要价值；最后，提示传统的基于相对含量的微生物组分析流程有局限性。在绝对定量技术方面，目前有 3 种主流方法：外源菌内标的方法[2]，对外源菌的要求较高，必须为所检测的 DNA 中不存在的菌，并且要求有其特异性探针；流式细胞仪分析计数[1]，操作复杂，操作过程或其他因素引起的死亡细胞并没有计入；荧光定量 PCR 方法，操作简单，可行性高，需要对 qPCR 扩增的保守片段进行探索。总的来说，基于可靠的绝对定量技术，有些绝对定量技术可以被应用于临床研究。

第二，微生物单细胞鉴定与疾病研究。传统的微生物学研究方法面临颇多挑战，其中重要的挑战之一是即便是处于同一种群中的微生物细胞，在基因转录和翻译、蛋白活性以及代谢物丰度等多个水平都可能存在显著差异，说明微生物细胞间存在多个层次上的异质性。与此同时，传统微生物学研究方法需要将所研究的微生物对象在实验室实现再次培养，然后对纯培养的微生物种群进行研究，这样往往造成实验室的研究结果无法真实地反映微生物细胞在自然界中的原始状态，所以亟须发展新的原位研究手段。此外，自然界中的微生物目前只有极少部分可以在实验室中进行培养，仍有大量微生物无法通过传统方法进行发掘和研究。单细胞尺度微生物学的出现为解决这些微生物学研究中的重要挑战提供了一种新的策略和技术思路，有望帮助研究人员更为直观、深入地了解每个细胞内部的状态，以及其在自然界的生理生态功能[3]。将样本的微生物群落物理分解为空间分离的细胞，克服了微生物分离中的一个主要问题，即个体生长速率的差异以及营养和空间竞争不可避免地促进快速生长的生物体过度生长。因此，单细胞方法有可能恢复更高的物种丰富度，而传统方法通常只能得到主要的或快速生长的物种[4]。

从表型方面考虑，主要有 3 种不破坏细胞表型的现有技术，分别是无标记方法、含基质或重水的稳定同位素探测法以及基底模拟探测法。新一代微生物生理学研究方法的非破坏性使得对表达特异表型的单细胞的关键下游分析成为可能[3]。流式细胞术是微生物群落单细胞分选的主流方法之一[5]。人类微生物组单细胞分离和培养的最新技术创新采取了2种主要方法：① 通过基于液滴的微流体将水相中的游离细胞封装在单或双水-油乳液中；② 在物理微孔或微阀的小型阵列中对单个细胞进行基于有限空间的分区。此外，在分离之前样本中可能会富集特定的细菌，在人类微生物领域，Deltaproteobacteria特异性荧光原位杂交（FISH）探针可以通过FACS从口腔靶向富集单个脱硫球和脱硫弧菌细胞，以进行基因组测序。另一种方法是基于微胶囊的生成，其中半透性水凝胶外壳包含一个水核，内部是分离出的单个细菌细胞，只需清洗微胶囊并交换缓冲液，即可处理这些微胶囊，不需要在微孔板中进行分拣，也不需要使用复杂的微流控设备。

从组学方面考虑，利用微孔板上单个细胞的流式细胞术分选、基因组扩增和特定16S rDNA基因序列的选择，早期的研究从口腔或肠道中得到了人类相关细菌的单扩增基因组。尽管全基因组扩增的方法已经取得了长足的进步，但单扩增基因组的一个常见问题就是它们往往高度碎片化和不完整，如果有足够完整的DNA可用，将long-read技术纳入单扩增基因组的生成过程可能有助于解决这些问题。最近，一项使用NanoPore测序的研究表明，通过使用微流控设备执行全基因组扩增和文库制备步骤，可以将起始DNA的数量减少到单个细菌细胞的数量，这项工作为进一步探索将long-read技术纳入单细胞微生物基因组测序指明了方向[6]。中国农业大学郑浩团队与清华大学张翀团队合作在*Microbiome*发表的最新研究中，建立了一个基于微液滴的微流控平台，将蜜蜂的单个肠道菌群用微液滴包裹住并进行培养，这样能排除肠道菌群之间的竞争，在培养后富集一些稀有菌株。而后通过宏基因组测序和组装得到细菌基因组，对这些基因组的分析揭示出了蜜蜂肠道菌群中潜在的新菌种，也为肠道菌群适应宿主的机制提供了新见解[7]。

单细胞微生物基因组测序还可以深入了解人类微生物组的生态学进化过程，例如可移动基因单元的传播。Brito及其同事在180个单细胞粪便细菌基因组中鉴定到了20 000多个可移动基因，其中大部分在多个人类群体的个体中均有检出，饮食对这些可移动基因的丰度有很大影响。单细胞基因组学也被用于研究噬菌体与宿主的相互作用，有一种结合单细胞基因组测序的“病毒标记”靶向策略揭示发现肠道物种中的病毒-宿主的配对关系。病毒标记包括向潜在宿主细菌中添加荧光标记的病毒颗粒，然后通过FACS富集特定宿主细胞，这种方法发现了363个独特的宿主噬菌体配对。此外，通过交换不同个体的细菌和病毒组分，研究人员确定了受试者之间的大量噬菌体-宿主交叉反应，这表明对于大多数病毒，宿主特异性是在物种水平而不是菌株水平[4]。此外，单细胞微生物基因组结合代谢组和表型组的研究，可以发掘群落中单细胞动态变化和互作等更为深入的规律性问题[8]。

尽管单细胞细菌分离和培养以及单细胞 DNA 测序已成功应用于环境和人类相关微生物组，甚至存在一些商业平台，但由于各种并未解决的问题，例如复杂群落中细胞壁结构的多样性、低 mRNA 丰度或低 mRNA 稳定性，微生物单细胞转录组学的研究仍主要集中在培养菌株上。为了克服这一困难，哈佛大学 David Weitz 团队与麻省理工学院 Eric Alm 团队合作，开发了一种新的微生物高通量单细胞测序方法 Microbe-seq，无需培养即可从复杂群落中获得大量的单个微生物基因组信息，解析出菌株分辨率的高质量微生物基因组，并以人肠道菌群分析为例，展示了该方法在菌群研究领域中的巨大潜力[9]。

尽管存在这些局限性，但即使在宿主相关组织中，单细胞方法也可以捕获细菌序列，这为开发联合宿主-微生物组单细胞基因组学和转录组学方法打开大门，将有可能提供在单个细胞水平上解开复杂宿主-微生物组相互作用所需的技术基础。开发微生物单细胞技术不应该是最终目标，我们应该将其视为改善目前对人类微生物组理解的工具，其可以识别和表征低丰度微生物，探索微生物组或菌株内功能变异性，以评估它们如何影响生态系统水平的行为。此外，单细胞测序技术需要与宏基因组学和宏转录组学，甚至宏蛋白组学和宏代谢组学整合，从而更深入地理解人类微生物组。例如，单个细菌的基因表达甚至生长可能取决于通过其他共生物种的交叉喂养，因此，需要结合整体性的方法来分离和研究这些微生物群成员[4]。

第三，空间微生物组研究。生物体在生态系统中的位置反映了其生理和功能，要了解生态系统，需要绘制出生物存在和生活位置的空间地图。最近的一项研究中[10]，研究人员通过荧光原位杂交技术绘制出了高系统发育分辨率的微生物组图谱(HiPR - FISH)，为了定位微生物菌群，设计出了寡核苷酸探针，其能根据特征性的基因序列的存在来锁定特定的细菌细胞，同时还开发出了另一组探针来利用荧光基团标记细胞。接下来，研究人员使用共聚焦显微镜技术利用荧光点亮了荧光标记，并使用机器学习和定制的软件来解码荧光广谱并对图像进行了相应解释，从而获得了一种高效且经济的单细胞分辨率技术。研究人员使用 10 种基本颜色的混合物为其所绘制的空间图谱创建了

“调色板”，这样就绘制出大肠杆菌所拥有的共 1 023 种可能性的颜色组合，每一个荧光标记都有一个独特的二进制条形码。研究者 De Vlaminck 说道，成像本身会带来非常漂亮且丰富的图像，而所有的细菌都是不同的颜色，但为了能够对微生物之间的相互作用、不同细胞之间的距离和群落大小等信息进行定量解析，就需要能够通过计算机以自动化的方式来对其进行解释，这样就能将这种图像信息转化成为群落的数字表示方式。随后研究人员将这种技术应用于两种不同的系统中，即小鼠的肠道微生物组和人类口腔斑块微生物组，在肠道微生物组的研究案例中，能够证明不同细菌之间的空间关联性如何被抗生素疗法所破坏。而空间图谱的绘制可能是研究并治疗一系列细菌性疾病的重要工具，比如细菌诱发的炎性肠病、结直肠癌和感染等。

Science 近期发表的一篇方法学文章，介绍了一种高通量的细菌空间转录组成像方法——par-seqFISH（并行序贯荧光原位杂交），其能对同种细菌甚至多种细菌在浮游和生物膜形式下的基因表达和细胞参数（细菌大小等）进行大规模分析，以揭示细菌群落的状态和功能的时空动态和异质性[11]。par-seqFISH 能够在单细胞分辨率下探究微生物的基因表达和微尺度环境中的空间信息。研究者将这种方法应用于致病菌铜绿假单胞菌，证明 par-seqFISH 能够解析菌群在浮游生长状态下代谢和毒性相关基因转录水平的动态变化，以及固着生长过程（生物膜）中在空间水平上的代谢异质性。此外，发现微尺度下（微米级别）的细菌能够分化产生不同的表型，且共存于同一生物膜中，表明微环境对细菌的异质性产生至关重要。该研究结果也说明了微生物种群以一种复杂动态形式存在，且 par-seqFISH 这一全新的高分辨率、高通量空间转录组技术能助力揭示微生物动态变化与生长调控的未知机制，并为抗菌药研发及抗生素耐药性研究提供新的视角。

近期在 *PNAS* 上的一项工作进一步实现了肠道菌群的三维空间研究[12]。通过改良组织清除和保存的技术，结合 16S 测序、荧光原位杂交、光谱成像等技术，实现了对肠道样本，特别是肠道菌群的三维空间成像定量观测。值得注意的是，他们发现盲肠隐窝中的肠道菌群存在独特的空间分布和一定的菌群稳定性。使用环丙沙星清除菌群后再撤掉抗生素，隐窝菌群浓度可恢复到未接触抗生素的水平，但 Muribaculaceae 无法恢复，同时，菌群结构相似的隐窝空间距离更近，在其外围由无细菌定植的隐窝包围，产生了对抗生素耗竭 Muribaculaceae 的独特抗性。此外，尽管 *A. muciniphila* 以黏蛋白代谢能力而著称，但在数百个隐窝中也仅观察到一个有 *A. muciniphila* 定植的隐窝。

第四，以微生物组为中心的多组学研究。以微生物组为中心，同时利用多种不同类型的组学数据回答微生物群落相关的科学问题，是以微生物组为中心的多组学研究的普遍范式。在人类疾病的精准用药领域，现有研究发现药物（如糖尿病药物二甲双胍）可通过肠道菌群产生对个人不同的影响。通过现有的研究微生物组功能的多组学技术和多组学整合研究策略，可以将多组学整合研究策略和微生物离体筛查[13]。在综合性人类微生物组计划（iHMP）中，研究人员也重点关注三大领域：早产儿、炎症性肠病和 2 型糖尿病，将会利用各种组学工具全面而深入地进行长期研究，并将有关数据开放用于后续研究[14]。

以最近研究得越来越多的癌症微生物组（cancer microbiome）为例具体说明以微生物组为中心的多组学研究的模式：临床前和临床证据表明，肠道微生物对全身免疫的影响非常普遍。肠道微生物组已被证明对适应性和先天性免疫系统有广泛的影响，导致各种趋化因子和细胞因子表达，与创造促进肿瘤和对抗肿瘤的免疫微环境有关。同时，个别患者独特的微生物组还能调节其他癌症特征，如诱发肿瘤炎症、逃避适应性免疫破坏和对抗癌疗法（如免疫检查点抑制剂的反应性），使人们了解到调节肠道微生物组是一种潜在的抗癌治疗策略。许多不同的方法（包括益生菌、益生元、活体生物治疗菌剂、FMT 和饮食干预）可作为微生物群调节的策略。2000 年，Douglas Hanahan 和 Robert Weinberg 概念化地提出了 6 条核心规则，它们协调了正常细胞向恶性细胞的多步骤转化。20 多年后，这 6 个原始标志已经扩展到 14 个，最新增加了 4 个新兴标志和特征，即表型可塑性、非突变性表观遗传重编程、衰老细胞和多态性微生物[15]。多态性微生物的纳入反映了人们越来越认识到复杂的微生物生态系统（或称“微生物组”）——包括与人体共生的细菌、真菌和病毒对癌症发病机制有着深刻的影响。现有证据表明，微生物组在肿瘤发生、癌症分化和恶性进展中起着实质性作用。此外，微生物组与其他已确定的癌症特征，如肿瘤炎症、避免免疫破坏、基因组不稳定和对抗癌疗法的抗性，都有直接的积极或消极的互动。这种综合作用的最重要证据来自对胃肠道微生物（肠道微生物组）的研究，这是最广泛的特征领域。然而，最近人们对其他组织/器官中多态性微生物的作用越来越重视，包括其他黏膜表面和（或）与外部环境接触的微生物（如皮肤、泌尿生殖道和肺），以及生活在肿瘤内的微生物（肿瘤内微生物组）。

当前另一个热点研究方向即微生物群落与人体免疫关系的研究，也必须基于多组学的数据分析挖掘[16]。从生命早期开始，能量的摄入在免疫-菌群互作中扮演“双刃剑”，如果能量不受限，会使免疫系统对初始定植的菌群造成强烈的炎症反应；如果能量匮乏，会使儿童免疫功能受损，导致反复感染[17]。在成年期，菌群滋养性免疫（nourishing immunity）维持了菌群-免疫互作的稳态[18]。而肠道菌群也维持了消化系统[19]、呼吸系统[19-20]、皮肤系统[21]和生殖系统[22]等关键系统的平衡。同时肠道菌群也调控了慢性炎症和自身免疫性疾病的发生和发展[23]。微生物群落与人体免疫关系的研究，涉及的组学类型众多，而相关的数据挖掘方法也亟待丰富。

通过以上案例可以知道，不论从技术上还是从科学问题上，新的思考总能为微生物组研究带来新的发现。“更快、更高、更强”这个奥林匹克格言，在微生物组研究领域同样适用。

5.3 微生物组暗物质和大数据挖掘

尤为关键的是，微生物组大数据还远远没有被充分挖掘，相关未发掘的庞大知识体系形成了微生物组暗物质[24]。微生物组暗物质中包含大量尚未明晰的物种、功能基因、动态变化模式，以及它们之间复杂的相关性，亟须精准、高效的数据分析方法进行深入挖掘。迫切需要先进的数据挖掘方法解析微生物组暗物质，挖掘微生物组新知识，并促进微生物组转化研究的深化和拓展。

微生物组暗物质包括 3 个层面的内涵：基因暗物质、物种暗物质和群落模式暗物质。在基因层面，需要挖掘大量新的基因及其尚未理解的功能；在物种层面，需要发掘新的物种及其变异；在菌群层面，需要发掘菌群时空动态变化规律（图 5.2）。

在基因暗物质方面，目前已经从微生物组数据中鉴定出数十亿个基因，然而其中大部分是未知的。例如，有研究者从世界各地 1 000 多个海水样本中，通过宏基因组组装构建了大约 2.6 万个海洋微生物基因组。对这一资源的挖掘鉴定出近 4 万个生物合成基因簇，并发现了一个在生物合成上很有“天赋”的新菌科，以及新的酶和天然产物。该研究为深入挖掘海洋微生物组及其生物合成潜力，提供了重要资源[25]。另外，近期研究者针对生物体（包括肠道微生物）产生的抗菌肽发掘的需求，结合多种自然语言处理神经网络模型，建立

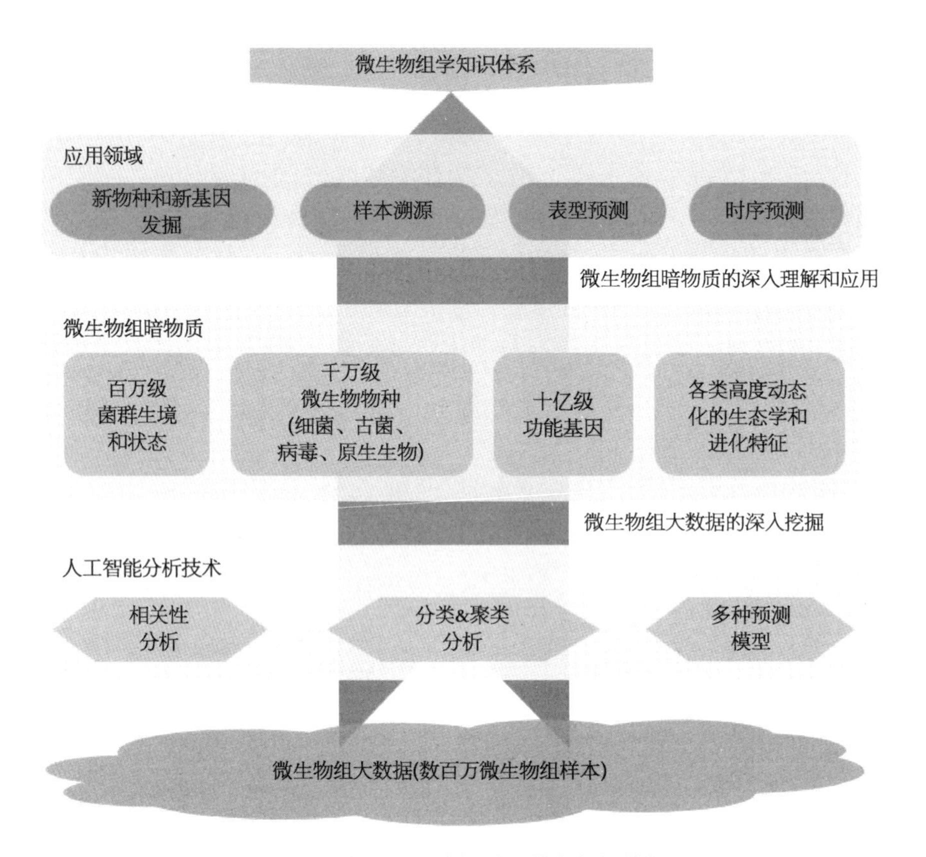

图 5.2　微生物组暗物质及其大数据挖掘

了能自主学习抗菌肽序列特征，从而挖掘鉴定新型抗菌肽的 AI 方法，并用该方法从人体肠道微生物组数据中挖掘出 181 个新型抗菌肽，包括能在体内外有效抑制多重耐药菌的强效抗菌肽等[26]。这些研究发现证明了基因暗物质极为丰富，而机器学习方法能够较好地挖掘这些基因资源。

在物种暗物质方面，目前已经有数百万物种被鉴定出来，其中数十万物种有完整基因组的测序，然而大部分微生物还尚未被鉴定和测序。有工作表明，目前所有原核生物类群中仅有 2.1%已获得了其基因组信息。由于原核生物基因组测序目前仍集中于少数广布类群和高丰度类群，对于大量稀有类群基因组信息的了解尚非常有限，对这个巨大遗传资源的挖掘工作其实才刚刚开始[27]。物种挖掘的最大瓶颈之一是菌株层面的物种发现、鉴定和功能分析。由于传统方法速度和准确性均不佳，研究人员利用宏基因组测序数据进行分箱、组装得到完整的基因组信息(metagenome-assembled genomes，MAG)，这种方法大大拓展了我们对微生物群落的认知。宏基因组被用来对基因组数据的深度挖掘即分箱，是一种不依赖实验室分离培养，基于分析算法开展“单菌”研究的数据挖掘策略。目前，分箱在各类微生物群落研究中都有广泛应用。分箱的本质是使用某种方法将分析对象进行归类（聚类），得到不同的集合。按分箱的对象，可分为3种，即基于reads、contig和gene。由于主流的二代高通量测序reads长度比较短，包含的序列信息十分有限，故基于contig和gene的分箱更常见。其中contig分箱更侧重于单菌基因组、基因结构、物种层面的分析，应用最为广泛。gene分箱更侧重于功能特征的降维分析。按分箱的方法也可分为3种，即基于核酸组成、基于丰度，以及同时基于核酸组成和丰度。其基本思想是，一个基因组各部分序列片段的丰度与基因组的丰度是一致的。如一个基因组丰度是10，基因组断开后，每个片段的丰度也是10。故丰度相近的片段更有可能来自同一个基因组。又因为不同的物种，GC含量等核酸组成特征不同，故核酸组成相似的片段更有可能来自同一个基因组。此方面的具体算法非常多，然而能够基于微生物组数据建立比较完整、全面的MAG信息，当前还是比较困难的。尽管如此，相当多基于MAG分析的工作已经极大地拓展了我们对微生物群落中物种丰富程度的认知。例如，古菌是人体肠道微生物组的一员，但对于人体肠道古菌组的认知还非常不足。一项最新研究基于已发表的宏基因组来组装的基因组（MAG）和分离培养古菌的基因组，构建了一个含1 000余个非冗余基因组的人体肠道古菌基因组集。对这些古菌基因组的大规模分析，获得了关于人体肠道古菌组的丰度、分布、组成和功能方面的新知[28]。

在群落模式暗物质方面，各种不同生存环境中的进化压力和自然选择，塑造了各类高度生存环境特异化的微生物群落，然而其中绝大多数微生物群落的特征目前尚不清楚。已有工作表明，土壤菌群的高度多样性在全球物质循环中具有重要作用。近期一项研究通过分析全球189个位点、7 560余份土壤样本中的物种和功能基因多样性，发现环境因子和细菌-真菌的相互作用影响全球土壤菌群的丰度、结构和功能，或可为全球物质循环的区域性特点提供解释[29]。另外，还有研究对空间分割对微生物群落的结构和动态的影响进行了探索，结合建模和定量实验，揭示了空间分割对微生物群落生物多样性的影响和机制[30]。当然，地球上微生物群落的生存环境极为丰富，因此还有大量微生物群落的特征是当前远未被了解的。

值得注意的是，微生物群落受到生存环境中不断变化的各种因子的影响，其包含的微生物组暗物质也是不断变化的，如群落动态模式的变化[31]、不同物种的相对含量甚至是基因组的结构变异[32]、不同基因的相对含量和结构变异和位点突变都受到生存压力的选择。而机器学习甚至深度学习的方法，能够在较广范围内较好地挖掘这些基因和物种资源，解析群落动态变化规律。

微生物组暗物质所涵盖的微生物群落知识极其丰富，只有通过更为深入的大数据挖掘，才能够充分理解这些深刻的微生物群落知识。

参考文献

[1] Vandeputte D, Kathagen G, D'Hoe K, et al. Quantitative microbiome profiling links gut community variation to microbial load. Nature, 2017, 551(7681): 507-511.

[2] Stämmler F, Gläsner J, Hiergeist A, et al. Adjusting microbiome profiles for differences in microbial load by spike-in bacteria. Microbiome, 2016, 4(1): 28.

[3] Hatzenpichler R, Krukenberg V, Spietz R L, et al. Next-generation physiology approaches to study microbiome function at single cell level. Nat Rev Microbiol, 2020, 18(4): 241-256.

[4] Lloréns-Rico V, Simcock J A, Huys G R B, et al. Single-cell approaches in human microbiome research. Cell, 2022, 185(15): 2725-2738.

[5] Koch C, Müller S. Personalized microbiome dynamics — cytometric fingerprints for routine diagnostics. Mol Aspects Med, 2018, 59: 123-134.

[6] Petersen L M, Martin I W, Moschetti W E, et al. Third-generation sequencing in the clinical laboratory: exploring the advantages and challenges of nanopore sequencing. J Clin Microbiol, 2019, 58(1): e01315-01319.

[7] Meng Y J, Li S, Zhang C, et al. Strain-level profiling with picodroplet microfluidic cultivation reveals host-specific adaption of honeybee gut symbionts. Microbiome, 2022, 10(1): 140.

[8] Ge X W, Pereira F C, Mitteregger M, et al. SRS-FISH: a high-throughput platform linking microbiome metabolism to identity at the single-cell level. Proc Nat Acad Sci, 2022, 119(26): e2203519119.

[9] Zheng W S, Zhao S J, Yin Y H, et al. High-throughput, single-microbe genomics with strain resolution, applied to a human gut microbiome. Science, 2022, 376(6597): eabm1483.

[10] Nguyen J, Tropini C. Bacterial species singled out from a diverse crowd. Nature, 2020, 588(7839): 591-592.

[11] Dar D, Dar N, Cai L, et al. Spatial transcriptomics of planktonic and sessile bacterial populations at single-cell resolution. Science, 2021, 373(6556): eabi4882.

[12] Mondragón-Palomino O, Poceviciute R, Lignell A, et al. Three-dimensional imaging

for the quantification of spatial patterns in microbiota of the intestinal mucosa. Proc Nat Acad Sci, 2022, 119(18): e2118483119.

[13] Zhang X, Li L Y, Butcher J, et al. Advancing functional and translational microbiome research using meta-omics approaches. Microbiome, 2019, 7(1): 154.

[14] The integrative human microbiome project: dynamic analysis of microbiome-host omics profiles during periods of human health and disease. Cell Host Microbe, 2014, 16(3): 276 - 289.

[15] Hanahan D. Hallmarks of cancer: new dimensions. Cancer Discov, 2022, 12(1): 31 - 46.

[16] Belkaid Y, Harrison O J. Homeostatic immunity and the microbiota. Immunity, 2017, 46(4): 562 - 576.

[17] Brodin P. Immune-microbe interactions early in life: a determinant of health and disease long term. Science, 2022, 376(6596): 945 - 950.

[18] Litvak Y, Bäumler A J. Microbiota-nourishing immunity: a guide to understanding our microbial self. Immunity, 2019, 51(2): 214 - 224.

[19] Descamps H, Thaiss C A. Intestinal tolerance, with a little help from our microbial friends. Immunity, 2018, 49(1): 4 - 6.

[20] Lloyd C M, Marsland B J. Lung homeostasis: influence of age, microbes, and the immune system. Immunity, 2017, 46(4): 549 - 561.

[21] Dhariwala M O, Scharschmidt T C. Baby's skin bacteria: first impressions are long-lasting. Trends Immunol, 2021, 42(12): 1088 - 1099.

[22] Chan D, Bennett P R, Lee Y S, et al. Microbial-driven preterm labour involves crosstalk between the innate and adaptive immune response. Nat Commun, 2022, 13(1): 975.

[23] Kramer C D, Genco C A. Microbiota, immune subversion, and chronic Inflammation. Front Immunol, 2017, 8: 255.

[24] Zha Y G, Chong H, Yang P S, et al. Microbial dark matter: from discovery to applications. Genom, Proteom Bioinform, 2022, 20(5): 867 - 881.

[25] Paoli L, Ruscheweyh H J, Forneris C C, et al. Biosynthetic potential of the global ocean microbiome. Nature, 2022, 607(7917): 111 - 118.

[26] Ma Y, Guo Z Y, Xia B B, et al. Identification of antimicrobial peptides from the human gut microbiome using deep learning. Nat Biotechnol, 2022, 40(6): 921 - 931.

[27] Zhang Z, Wang J N, Wang J L, et al. Estimate of the sequenced proportion of the global prokaryotic genome. Microbiome, 2020, 8(1): 134.

[28] Chibani C M, Mahnert A, Borrel G, et al. A catalogue of 1,167 genomes from the human gut archaeome. Nat Microbiol, 2022, 7(1): 48 - 61.

[29] Bahram M, Hildebrand F, Forslund S K, et al. Structure and function of the global topsoil microbiome. Nature, 2018, 560(7717): 233 - 237.

[30] Wu F L, Ha Y C, Weiss A, et al. Modulation of microbial community dynamics by

spatial partitioning. Nat Chem Biol, 2022, 18(4): 394 - 402.

[31] Liu H, Han M Z, Li S C, et al. Resilience of human gut microbial communities for the long stay with multiple dietary shifts. Gut, 2019, 68(12): 2254 - 2255.

[32] Ji B W, Sheth R U, Dixit P D, et al. Quantifying spatiotemporal variability and noise in absolute microbiota abundances using replicate sampling. Nat Methods, 2019, 16(8): 731 - 736.

附　录

微生物组大数据挖掘是一个典型的交叉科研领域，涉及数学、计算机、微生物学、高通量测序技术等领域，不但涵盖广泛，而且每一个知识领域内的知识点也很丰富。笔者没有选择将这些知识在它们第一次出现的时候进行详细讲解，因为那样会破坏阅读的整体逻辑性。相反，选择在正文中将很多基本知识进行简略介绍，重点阐述微生物组大数据分析和挖掘的流程和方法，并列举大量案例让读者通过这些具体的应用来加深理解。微生物学、高通量测序、生物信息学、微生物组等相关的基础知识没有深入展开，但是这些知识点十分重要，所以通过附录的形式一一罗列并展开解释。本附录包含更多微生物组、高通量测序、微生物组研究进程等相关知识，希望通过附录中的介绍，让读者对人工智能在微生物组学中的应用有一个更全面的认识。

附录1 术语解释

1. 生物信息学(bioinformatics)

利用应用数学、信息学、统计学和计算机科学的方法研究生物学的问题。目前的生物信息学基本上只是分子生物学与信息技术(尤其是互联网技术)的结合体。生物信息学的研究材料和结果就是各种各样的生物学数据，其研究工具是计算机，研究方法包括对生物学数据的搜索(收集和筛选)、处理(编辑、整理、管理和显示)及利用(计算和模拟)。目前主要的研究方向有序列比对、基因识别、基因重组、蛋白质结构预测、基因表达、蛋白质反应的预测、建立进化模型，以及高通量测序数据分析等。

2. 微生物组学

微生物组是指一个特定环境或者生态系统中全部微生物及其遗传信息，包括其细胞群体和数量、全部遗传物质(基因组)，它界定涵盖微生物群及其全部遗传与生理功能，其内涵包括微生物与其环境和宿主的相互作用。

3. 16S核糖体DNA测序(16S rDNA profiling)

针对微生物群落中的16S核糖体DNA进行扩增和测序，鉴定群落中所有微生物物种的方法。

4. 16S核糖体DNA(16S ribosomal DNA，16S rDNA)

16S rRNA为核糖体RNA的一个亚基，16S rDNA就是编码该亚基的基因。细菌rRNA(核糖体RNA)按沉降系数分为3种，分别为5S、16S和23S rRNA。16S rRNA是细菌染色体上编码rRNA相对应的DNA序列，存在于所有细菌染色体基因中。

5. 人工智能

人工智能是研究、开发用于模拟、延伸和扩展人的智能的理论、方法、技术及应用系统的一门新的技术科学，广泛应用于生物信息学研究中。

6. 人工神经网络(artificial neural network)

人工神经网络是一种运算模型,由大量节点(或称神经元)之间相互联结构成,是生物信息学中重要的计算方法之一。

7. 关联规则挖掘(association rule mining)

数据挖掘中一个很重要的课题,从数据背后发现事物之间可能存在的关联或者联系。

8. BP 算法(back propagation)

也叫误差反向传播(error back propagation)算法。其基本思想是,学习过程由信号的正向传播与误差的反向传播两个过程组成。由于多层前馈网络的训练经常采用误差反向传播算法,人们也常将多层前馈网络直接称为BP 网络。

9. 贝叶斯分析方法(Bayesian analysis)

一种计算假设概率的方法。这种方法是基于假设的先验概率、给定假设下观察到不同数据的概率以及观察到的数据本身而得出的。其方法为,将关于未知参数的先验信息与样本信息综合,再根据贝叶斯公式得出后验信息,然后根据后验信息推断未知参数,是生物信息学研究的重要方法之一。

10. 贝叶斯网络(Bayesian network)

一种概率网络。它是基于概率推理的图形化网络,是为了解决不定性和不完整性问题而提出的。对于解决复杂设备不确定性和关联性引起的故障有很大的优势,是生物信息学研究的重要方法之一。

11. 贝叶斯统计(Bayesian statistics)

贝叶斯统计是研究当存在不确定性时应如何进行推理。它用概率语言去描述不确定性,根据已有的证据去推断事件发生的概率。贝叶斯统计认为贝叶斯定理是推断的关键,由该定理可以实现用先验的知识去计算后验的概率,在生物信息学分析中广泛应用。

12. 宏基因组(metagenome)

微生物群落中全部微生物遗传物质的总和，包含可培养的和未可培养的微生物的基因组。

13. 宏基因组测序数据聚类(metagenomic binning)

基于宏基因组测序数据，将来自不同物种的短序列进行聚类的方法。

14. 宏基因组测序(metagenomic sequencing)

针对微生物群落中的所有遗传物质的全基因组测序。

15. 宏基因组学(metagenomics)

宏基因组学又叫微生物环境基因组学。它通过直接从环境样品中提取全部微生物的DNA构建宏基因组文库，利用基因组学的研究策略研究环境样品所包含的全部微生物的遗传组成及其群落功能。

16. 微生物群落(microbial community)

特定环境中由多个微生物组成的完整的、独立的、较稳定的群落。其特点是绝大部分物种不可分离和培养，且包含大量未知物种。

17. 微生物组(microbiome)

微生物群落中所有微生物细胞、它们的全部遗传物质及其代谢物的总和。

18. 微生物丛(microbiota)

微生物群落中所有物种的统称。

19. 微生态学(microecology)

是研究正常微生物群的结构、功能及其与宿主相互依赖和相互制约关系的科学。

20. 精确医学(precision medicine)

即生物信息技术在医学中的应用，是2011年美国国家研究委员会(National

Research Council，NRC)提出的大科学项目之一。其目标是结合传统的体征和症状信息以及多层次的分子生物学数据，建立疾病新的分类方法，实现信息共享，建立知识网络。

21. 原噬菌体(prophages)

噬菌体又称细菌病毒，是一种完全的细胞内寄生生活，利用宿主的生物合成系统在细菌体内繁殖。噬菌体分为温和噬菌体和烈性噬菌体，一些噬菌体的 DNA 可以通过位点特异性重组或转座作用插入细菌染色体上，称为溶源生长。在溶源生长时期噬菌体的病毒功能被抑制，这时噬菌体又称为原噬菌体，噬菌体的基因组随着细菌的染色体一起复制、遗传到下一代。

22. 隐性原噬菌体(cryptic prophages)

在生长过程中，溶源菌经常发生突变或原噬菌体部分缺失，导致溶源菌生长的一些功能基因丧失，这时原噬菌体称为隐性原噬菌体。

23. 插入序列(insertion sequence，IS)

是最简单的转座元件，因为最初是从细菌的乳糖操纵子中发现了一段自发的插入序列，阻止了被插入的基因转录，所以称为插入序列，插入序列是细菌染色体和质粒的正常组成成分。

24. 转座子(transposons)

转座子是一种比较复杂的可移动遗传元件，转座子除编码转座功能所需的蛋白外，还编码会导致显著表型改变的功能蛋白，如抵抗药物的功能蛋白。转座子的转座机制可分为 3 种：复制转座、非复制转座和保守转座。对于复制和非复制转座，在交叉打断靶 DNA 生成黏末端，转座子先与突出的单链连接，然后通过复制修复填补缺口，这也是复制靶 DNA 产生重复的原因。复制转座是先复制一个新的转座子，然后插入靶 DNA 区段，原来的转座子并没有移动。非复制转座时，先将转座子从染色体上剪切下来后，再插入靶 DNA 区域，复制修复填补缺口。保守转座也是一种非复制转座，但是在转座过程中不需要任何 DNA 合成。

25. 基因方向性偏好

基因方向性偏好在原核生物中是一种普遍现象。基因方向偏好的一种可能解释是，细菌的基因组在转录的同时就开始合成蛋白，因此在RNA链上同时存在蛋白合成复合体和转录复合体，基因都在前导链时，两者的移动方向是一致的，不会发生碰撞，有利于细菌快速繁殖的需要。

26. 重复序列

DNA重复序列是基因组结构的一部分，所有生物中都有重复DNA序列，在一些高等真核生物（如人）中，重复DNA序列是整个基因组的主要组成部分。重复序列可以分成3类：串联重复或简单重复（tandem repeat）；散在重复序列家族（dispersed repeats），重复序列散布于整个基因组，主要包括转座子（transposon）和反转录转座子（retrotransposition）；片段横向扩增（fragment duplication），一个片段或基因通过复制，在基因组中由1个拷贝变成2个或更多拷贝，横向扩增的机制和意义目前还不清楚。

27. 开放阅读框（open reading frame，ORF）

是结构基因的正常核苷酸序列，从起始密码子到终止密码子的阅读框可编码完整的多肽链，其间不存在使翻译中断的终止密码子。

28. 基因组ORF的识别

目前基因预测方法有两大类：内在的（intrinsic）和外在的（extrinsic）。内在的又称从头开始的预测方法，是通过对未知DNA片段的编码可能性的评估进行基因预测，又称为概率型方法。外在的预测方法在进行基因预测时重点利用已知的蛋白质信息，通过同源性比较的方法搜寻已知蛋白质数据库进行基因预测。

29. 信号肽

是引导新合成的蛋白质向分泌通路转移的短肽链（长度为5～30个氨基酸）。常指新合成多肽链中用于指导蛋白质跨膜转移（定位）的N-末端氨基酸序列（有时不一定在N端）。在起始密码子后，有一段编码疏水性氨基酸序列的RNA区域，该氨基酸序列就被称为信号肽序列。它负责把蛋白质引导到细胞含不同膜结构的亚细胞器内。信号肽在皮肤自然老化和护理过程中起着重要的作用。多种结构的信号肽被引入皮肤护理中，以达到促进胶原蛋白生成、抗自由基氧化等功能。

30. 操作分类单元(operational taxonomic units, OTU)

提取样品的总基因组 DNA,利用 16S rRNA 或内源转录间隔区(internally transcribed spacer, ITS)的通用引物进行 PCR 扩增。不同的 16S rRNA 序列相似性高于 97%时,就可以把它定义为一个操作分类单元,每个操作分类单元对应于一个不同的 16S rRNA 序列,也就是对应于一个不同的细菌(微生物)种。通过操作分类单元分析,就可以知道样品中的微生物多样性和不同微生物的丰度。

31. 稀释曲线

稀释曲线用来评价测序量是否足以覆盖所有类群,并间接反映样品中物种的丰富程度,在生物多样性分析时,也可以检验测序数据是否足以反映物种多样性。稀释曲线是利用已测得 16S rDNA 序列中已知的各种操作分类单元的相对比例,来计算抽取 n 个(n 小于测得 reads 序列总数)reads 时出现操作分类单元数量的期望值,然后根据一组 n 值与其相对应的操作分类单元数量的期望值做出曲线。当曲线趋于平缓或者达到平台期时也就可以认为测序深度已经基本覆盖样品中所有物种;反之,则表示样品中物种多样性较高,还存在较多未被测序检测到的物种。

32. 稳定性同位素(stable isotope probing, SIP)

具有相同原子序数但不同中子数,且不具放射性的元素称为稳定性同位素。环境中的许多物质都可以用稳定性同位素来标记,鉴定和分析复杂样本中具有特殊代谢功能的微生物。

33. 荧光原位杂交(fluorescent in situ hybridization, FISH)

是利用荧光标记的特异核酸探针与细胞内相应的靶 DNA 分子或 RNA 分子杂交,通过在荧光显微镜或共聚焦激光扫描仪下观察荧光信号,来确定与特异探针杂交后被染色的细胞。

附录 2　微生物基因组概述

1. 基因组大小

对于细菌基因组大小的研究，脉冲场电泳（pulsed field gel electrophoresis，PFGE）是现在最流行的技术之一。细菌的基因组大小相差很大，目前已知完成全基因组序列测定的细菌中，基因组最小的生殖道支原体（*Mycopalsma genitalium*）只有 0.58 Mb，最大的日本慢生根瘤菌（*Bradyrhizobium japonicum* USDA 110）有 9.11 Mb。

2. 编码密度高

与真核生物不同，原核生物基因组的编码序列占基因组总序列的比例很高，达 90%左右。如果基因的平均大小为 1 kb，在一个基因组大小为 1 000 kb 的原核生物中，基因数接近 900 个，上下偏差一般不会超过 20%。酿酒酵母（*Saccharomyces cerevisiae*）和裂殖酵母（*Schizosaccharomyces pombe*）基因组大小分别为 12 069 kb 和 14 000 kb，编码 6 294 和 4 820 个基因，编码序列只占基因组的 57%和 70%；秀丽隐杆线虫（*Caenorhabditis elegans*）和拟南芥（*Arabidopsis thaliana*）的基因组大小分别为 97 000 kb 和 115 428 kb，编码 19 099 和 25 498 个基因，拟南芥的编码区平均大小为 430 bp，编码序列占基因组的 28.9%。而人类的基因组有 3 000 000 kb，仅编码 31 000 多个基因，编码序列（编码外显子的序列）占基因组的比例不到 2%。由此可见，在不同生物中，不但基因组大小差异显著，而且编码序列占总基因组的比例也非常悬殊。

3. DNA 链组成的不对称性

（1）GC 偏斜　Lobry 于 1996 年通过对 3 种原核生物基因组：大肠杆菌（*Escherichia coli*）、枯草芽孢杆菌（*Bacillus subtilis*）和流感嗜血杆菌（*Haemophilus influenzae*）的分析，发现它们 DNA 链的不同区域碱基组成非对称，前导链含有较多的 G 而后随链含有较多的 C（GC skew）。GC skew 的计算公式为$(nG-nC)/(nG+nC)$，其中 $nG(nC)$为一特定大小 DNA 片段（窗口）内 G 或 C 的含量，窗口的大小一般设为 10 kb、20 kb 或 50 kb。对于大多数原核生物来说，它们先导链的 G 都多于 C，$(nG-nC)/(nG+nC)$为正值，而后随链的 G 少于 C，$(nG-nC)/(nG+nC)$为负值。所以，在复制的终点和起点，会发生$(nG-nC)/(nG+nC)$的正负值之间转变。当以基因组的长度为横坐标，GC skew 为纵坐标作图时，起点在负值向正值转变处，接近或相当于 0 的位置；而终点在正值向负值转变处，同样接近或相当于 0 的位置。

在 GC skew 的基础上，Grigoriev 建立了一种累计 skew（cumulative skew）的方法。这种方法是从 DNA 序列的任一位置开始，计算$(nG-nC)/(nG+nC)$，并依次把相邻的$(nG-nC)/(nG+nC)$累计相加，最大值在复制终点，最小值在复制起点。它的优点是适用于一些 GC skew 不太明显的微生物，如肺炎支原体的基因组序列，用一般的 GC skew 作图很难观察$(nG-nC)/(nG+nC)$正负值的转变点，但用累计$(nG-nC)/(nG+nC)$就很容易看出；另外，累计$(nG-nC)/(nG+nC)$的图形是一条"V"形曲线，并非一般 GC skew 的上下波动曲线，故而更直观。

(2) 基因方向的偏好　基因方向性偏好在原核生物是一种普遍现象。基因方向偏好的一种可能解释是，细菌的基因组在转录的同时就开始合成蛋白质，因此在 RNA 链上同时存在蛋白合成复合体和转录复合体，基因都在前导链时，两者的移动方向是一致的，不会发生碰撞，有利于细菌快速繁殖的需要。

由于分析基因组前导链和后随链的碱基分布、密码子使用及基因方向性偏好的前提是能够通过 GC skew 等方法判定基因组的复制起点和终点。对于多复制起点的原核生物如蓝细菌（*Synechocystis* sp.）和前述的古菌加氏甲烷球菌等，目前还不能准确判断复制起点，用 GC-skew 无法分析它们 DNA 链组成的非对称性。同样，T4 噬菌体基因组中某些真核生物染色体或染色体的一些区段，如整个酵母基因组、线虫基因组、果蝇染色体及人 T 细胞受体 β 位点（7 号染色体上的 670 kb）等也未见碱基分布的非对称性。

4. 重排

在细菌中除一些操纵元外，不同细菌间基因的顺序没有一定的规律，如有些直系同源基因（homologous genes）同时存在于大肠杆菌（*Escherichia coli*）、流感嗜血杆菌（*Haemophilus influenzae*）和幽门螺杆菌（*Helicobacter pylori*）中，但是它们在 3 个基因组中的位置截然不同，这种基因位置的无序性主要是由于基因组内的重排引起的。虽然细菌的基因组结构非常紧密，编码区占 90%以上，不像真核生物有很多重复序列，但是细菌基因组中存在一些可移动元件，这些可移动元件使基因组的稳定性大大降低。同时细菌中还存在一些低拷贝数的重复序列，像 rRNA、tRNA，另外在某些细菌中还存在高拷贝数的插入序列，通过这些重复序列介导的同源重组也增加了细菌基因组的不稳定性。因此，细菌的基因组是一个动态的状态存在，不停地发生着基因组内的重排。

附录3 基因组功能注释

基因组学研究中,测序只是数据积累的一项技术,基因组学的目的不仅仅是获得基因组全序列,也不是找到一两个基因的序列,而是要阐明基因组所包含的所有信息和功能。

1. 碱基组成分析

在基因组注释时,碱基组成分析是前期最基本也是最容易的工作,目前已经有很多现成的软件来完成这项统计工作。在细菌基因组中,碱基的分布常常可能是不均一的,存在高 GC 或高 AT 含量区域,通过碱基组成分析可以了解基因组的 GC 含量(G 和 C 这两种碱基占全基因组碱基数目的百分比)。GC 含量是物种的一个特征,在微生物分类学中常常把 GC 含量作为分类参数之一。对于基因组中 GC 含量的不均一性,有种解释认为 GC 含量很高的区域与整个基因组有着不同的来源,可能是通过基因水平转移(horizontal gene transfer)获得的,因为基因组重排在细菌中是一种很常见的现象。

2. RNA 基因的鉴定

(1) 转运 RNA(tRNA)基因的鉴定　tRNA 是基因组中一个最大的基因家族,在一个典型的真核生物基因组中有上百个 tRNA 基因,在人的基因组中估计有 1 300 多个 tRNA。在预测开放阅读框前,可以根据 tRNA 的反密码子辅助统计密码子的偏向性,以提高蛋白编码基因预测的准确性。tRNA 基因的鉴定主要是利用其特殊的"三叶草"结构特征。目前,基于 tRNA 的一级核酸序列或特殊二级结构已经开发了很多用于 tRNA 基因鉴定的软件。tRNAscan - SE 是现在用得比较好的、普遍使用的软件,该软件综合 2 种 tRNA 基因鉴定软件的预测结果,经过综合分析后给出预测结果,对真核生物和原核生物的 tRNA 基因预测都适用。

(2) 核糖体 RNA(ribosome RNA, rRNA)基因的鉴定　目前除了一些预测 RNA 二级结构的算法软件外,还没有专门进行 rRNA 基因预测的软件,主要是通过已有的 rDNA 序列进行比对分析。

3. 重复序列

重复序列在基因组进化中的作用一直有着很大的争议。重复序列数量庞大，所以对于它的注释工作也非常重要，特别是对于重复序列家族，它们往往有自己的基因(转座子和反转录转座子)，这些基因有可能干扰大规模的基因注释。另外，由于突变的发生使得不同拷贝的重复序列在序列同源性上有较大差异而不完全重复，这也给重复序列的鉴定和注释带来了困难。

现在已经开发了用于重复序列家族鉴定和系统基因组注释的计算软件，RepeatMasker 是一个较早用于重复序列寻找，及基因组拼接中屏蔽重复序列干扰的重复序列分析软件。它事先建立一个已知的重复序列数据库，通过同源比对分析寻找重复序列。但是重复序列具有物种特异性，如在分析一个全新的基因组时，就需要一个能够从头寻找新的重复序列的软件。寻找简单串联重复序列的软件有 Benson 开发的 Tandem repeats finder；大的、散在的重复序列鉴定软件中常用的有 Bao 等开发的 RECON。

4. 蛋白编码基因的预测和基因组功能注释

基因组功能注释的研究对象是基因组序列，是功能基因组学的主要研究目标。注释可以分为结构注释和功能注释 2 个阶段：第一步是结构注释，通过基因组组成元素的识别，预测基因组的全部编码区(CDS)或称开放阅读框来识别基因；接下来进行信息加工，即第二步功能注释。

(1) 基因组开放阅读框的识别　从头开始识别蛋白编码区和功能位点的方法开发了许多算法，像 GENSCAN、GeneMark、GeneMark.hmm、GeneMarkS、GLIMMER、ORPHEUS、CRITICA 等。GeneMark 在原核生物的预测中用得较多，这是利用非同质的马尔科夫模型来识别蛋白编码区的一种算法。外在的基因预测分析用得比较多的是 BLASTX，它先将 DNA 序列从开放阅读框翻译成氨基酸，用所得的氨基酸序列与已知的蛋白数据库进行比对搜索。目前微生物基因组功能注释中使用较多的是 GLIMMER、ORPHEUS、CRITICA。

(2) 核糖体结合位点的预测　在原核生物中通过计算系统预测基因的灵敏性可以达到 98%～99%或更高，但是要准确定位基因的起始位点还是一个难题。

蛋白质合成开始时，核糖体结合到信使 RNA(mRNA)的 5′末端的核糖体结合位点(ribosome-binding site, RBS)，核糖体结合位点一般位于起始位点上游 8～10 个碱基的位置，通常可以通过 SD(Shine-Dalgarno)序列模式特征识别。核糖体结合位点是由与 16S rRNA 的 3′末端互补的 6 bp 基元组成，虽然在原核生物中这 6 bp 基元的序列有所差异，但是由于 16S rRNA 的高度保守性，因此一般比较保守。美国 TIGR 中心利用原核生物基因的这一特性，开发了用于核糖体结合位点和基因起始密码子的算法软件——RBSfinder，主要用于预测基因起始密码子的修改，预测完基因后运行该软件可以在很大程度上提高预测的准确性。

(3) 蛋白序列中跨膜区的预测　细菌的生活环境变化较大，要想更好地适应不同的环境，就必须能够很快地感知环境的变化刺激，以便及时做出适应性调节。膜蛋白在感受外界环境变化的刺激中扮演重要角色，是细菌生命活动过程中的重要生力军，因此正确地注释膜蛋白对于基因组功能的注释及细菌生理功能的了解具有关键性的作用。

TopPred 是最早用于蛋白跨膜区拓扑结构预测的软件，其缺陷在于可能会预测不到一些低于阈值的跨膜螺旋。之后，结合疏水性和拓扑遗传信号的限制性动态程序，又开发了 Memsat；还有应用神经网络结构预测跨膜区域的 PHDtm 软件；以及基于扫描信号序列或多重比对进行拓扑结构预测的 TMAP。这些方法虽然都有各自的优势和不同的改进，预测的准确性和完成性都有所提高，但都存在一定的缺陷。目前应用较多的是 Sonnhammer 和 Krogh 等开发的基于隐马尔科夫模型的 TMHMM。

(4) 信号肽的预测　在原核和真核生物中，信号肽控制着所有分泌路径的分泌蛋白，信号肽的序列决定了分泌蛋白的去向。丹麦科技大学的 Nielsen 等开发了一个基于双重网络系统预测信号肽和信号肽酶切位点的预测软件 Signalp，目前被广泛用于全基因组注释中信号肽的预测。

(5) 注释所有开放阅读框蛋白产物的功能　在预测了所有可能的开放阅读框后，下一步就是对这些可能的开放阅读框进行功能注释。对于无实验证据的基因，从生物信息学研究的角度出发，主要有三大类方法可用于高通量的基因组功能注释工作：① 用最大相似的同源基因的功能注释咨询序列(Blastp)；② 用模体(MOTIF) 搜索，因为模体往往是功能相关的保守序列；③ 用 Tatusov 等直系同源簇方法(cluster of orthologous group, COG)，即用不同种族的基因成对相似聚类法把它们划分成各种直系同源簇，从而可以用同一簇中的已知基因注释未知基因。

最大序列相似性搜寻基于序列比较的最大相似法为序列基因组学解决了许多问题，在各种基因及蛋白质的进化、结构、催化等特性的研究中取得了很多成果，但是相似性比较会导致错误并会产生级联放大反应。

序列模体搜索是查找序列上的局部特征。在序列整体同源性不明显的情况下，模体搜索可以提高功能预测的灵敏度，模体的分析一般由两部分组成：首先收集现有的蛋白质家族，通过蛋白质家族各成员的多重联配来构造模体数据库，而后通过搜索该数据库预测未知蛋白质的功能。

Tatusov 等的直系同源簇方法是在基因组水平上找寻直系同源体，从而预测未知开放阅读框的生物学功能，所谓直系同源（ortholog）是指不同物种中由同一个祖先基因特化而来的对应基因，相应旁系同源（paralog）是指基因组内基因复制形成的多个基因。

附录 4　人类微生物组研究的 30 个重大里程碑事件

1. 培养厌氧菌(1944 年)

1944 年,Robert E. Hungate 在对牛瘤胃中降解纤维素的微生物进行研究时,利用其开发的旋转管方法(roll-tube approach)使得厌氧菌的培养成为可能。这种一直沿用到今的方法,也帮助科学家们首次分离到了与人类相关的厌氧菌。

2. 粪便微生物移植用于治疗艰难梭菌感染(1958 年)

1958 年,研究人员利用粪便灌肠(faecal enema)的方法成功治疗了假膜性小肠结肠炎(pseudomembranous enterocolitis)。从那时开始,粪便微生物移植的方法(faecal microbiota transplantation)能够成功治疗复发性艰难梭菌感染而被科学家们广泛接受。

3. 在无菌动物中进行肠道微生物转移实验(1965 年)

1965 年,在无菌动物的研究领域有了一个新的方向,即研究人员将细菌培养物转移到无菌小鼠机体中。诸如这样的转移性实验对于研究肠道微生物对宿主的健康效应至关重要。

4. 微生物影响宿主定向药物的代谢过程(1972 年)

1972 年,Peppercorn 和 Goldman 通过研究发现,当与人类肠道菌群一起培养时,抗炎性药物柳氮磺胺吡啶(salicylazosulfapyridine)或许能在一般的大鼠体内进行降解,但在无菌大鼠体内并不会发生。这项研究表明,肠道微生物群落在药物转换过程中扮演关键的角色。如今越来越多的研究证实,微生物群落(并不仅限于肠道)在宿主机体药物代谢中扮演着关键的角色,同时这也强调了其对药物失活、疗效和毒性方面的影响。

5. 早期生命中微生物的演替(1981 年)

1900 年,有研究描述了婴儿机体中细菌演替的多个方面。直到 1981 年,研究人员在三项研究中开始定量分析肠道菌群早期的一些特征,同时还分析了喂养方式对塑造机体早期微生物群落的影响和机制。

6. 基于测序对人类相关微生物群落进行鉴别(1996年)

1996年，研究人员开始利用基于测序的方法对人类相关的微生物群落进行鉴别，利用16S核糖体RNA测序方法分析了人类粪便样本中能够进行培养和无法进行培养的细菌的多样性及其特征。

7. 成年人机体中微生物群落的稳定性和特异性(1998年)

1998年，研究人员使用16S核糖体RNA基因扩增技术和温度梯度凝胶电泳(TGGE)技术检测16名成年人粪便中细菌的多样性。结果表明，每个人机体中都有其独特的微生物群落。随后对2名参与者进行长期监测，发现这2名参与者TGGE的特性在至少6个月的时间里都处于稳定状态。在随后的研究中，研究人员调查了较长时间中参与者机体微生物群落的稳定性。

8. 开始对除细菌外的其他宿主相关的微生物进行研究(2003年)

病毒、真菌和古菌是人类机体微生物群落的重要成员，对人类健康有着潜在的影响。2003年，研究人员首次对人类粪便中无法培养的病毒群落进行了宏基因组学分析。

9. 通过微生物群落调节机体的黏膜免疫(2004年)

两项研究揭示了机体免疫系统感知微生物群落的机制，同时还阐明了细菌如何在正常条件下调节机体免疫系统的发育和功能。相关研究为我们认识机体对微生物的免疫反应开启了另外一个视角，其并不是作为宿主防御，而是作为一种共生的生理学过程。

10. 充分“喂养”机体微生物群落的重要性(2005年)

拥有成千上万个基因的肠道微生物组能够帮助参与分解食物，并从中获取能量。2005年的一项研究表明，个体饮食的改变或能改变机体结肠中微生物群落的降解活性。

11. 通过微生物移植来转移宿主的表型(2006年)

研究人员发现，通过粪便微生物移植就能够在小鼠机体中再现人类的表型。这项首次使用肥胖和瘦弱人群粪便进行的研究，为后期研究人员调查机体微生物群落与人类机体表型之间的关联奠定了坚实的基础。

12. 饮食-微生物之间的相互作用对人类机体代谢的影响(2006 年)

从 2006 年开始，大量研究都表明饮食对机体肠道微生物群落和宿主代谢有非常重要的影响。相关研究结果对于研究人类健康也具有重要意义。同时，科学家们还有望利用饮食与微生物群落之间的相互作用来开发基于营养的新型疗法。

13. 定植抗性的机制(2007 年)

在早期研究中，研究人员已经观察到了定植抗性(colonization resistance)这种现象。定植抗性是机体微生物群落阻断病原体在机体建立感染的过程。2007 年的 3 篇重要研究报告对这一过程发生背后的分子机制进行了初步探讨。

14. 在体内利用组学技术对人类功能微生物群落进行分析(2007 年)

研究者 Eline Klaassens 及其同事应用宏蛋白质组的方法对无法培养的粪便微生物群落进行研究，提供了微生物群落分类鉴定之外的一种新的见解。随后，研究人员利用诸如代谢组学、元转录组学等组学方法进行了大量研究，同时还开发出了多组学分析流程，这些方法至今还能够用来分析微生物群落的功能。

15. 抗生素对微生物群落的组成和宿主健康的影响效应(2010 年)

抗生素不仅会对引发机体感染的细菌发挥作用，还会影响宿主自身的微生物群落的健康。2008 年，有研究表明利用环丙沙星对健康个体进行治疗或会影响其粪便样本中大约 1/3 的细菌丰度。

16. 生物信息学工具能够帮助分析微生物组的测序数据(2010 年)

名为 QIIME(即微生物生态学定量研究，quantitative insights into microbial ecology)的工具能够对微生物组测序所产生的大量数据进行分析并解释。

17. 对大规模人群进行微生物组分析(2011 年)

21 世纪初期，随着宏基因组和高通量测序技术的进展，科学家们开始利用这些技术来进行大规模人群机体微生物组多样性的研究。大规模的人群研究也能够改善我们对机体微生物组多样性的理解，同时还能够发现这些微生物与人类健康和疾病之间的潜在关联。

18. 微生物—肠—脑轴(2011年)

2011年，研究人员对小鼠进行的多项研究阐明了机体缺少常规微生物对机体行为、大脑中基因表达和神经系统发育的影响机制。最近对人类进行的多项研究也揭示了机体微生物群落与机体神经系统之间的潜在关联。

19. 现代培养技术或能扩大可培养微生物群落的种类(2012年)

高通量厌氧培养技术或能帮助培养出大部分人类肠道微生物，同时研究者还能够实现对单一微生物进行培养。

20. 全球人类微生物组(2012年)

居住在不同地方的人群机体之间存在一定的遗传变异，但研究人员并不清楚其机体微生物群落之间是否也存在一定的差异。为了研究不同人群机体中肠道微生物组的差异，研究者 Yatsunenko 等对生活在不同地区(包括委内瑞拉亚马孙地区、马拉维农村地区和美国大都市地区)的人群粪便中的样本种类进行了特征分析，结果发现在地理位置不同的人群中，其机体肠道微生物群落的组成和功能之间存在显著差异。

21. 微生物群落产生的短链脂肪酸或能诱导调节性T细胞的产生(2013年)

调节性T细胞(Treg)在维持机体免疫稳态上扮演着非常重要的角色。2013年的3项研究表明，微生物群落所产生的短链脂肪酸能够促进调节性T细胞的扩张和分化，就揭示了机体共生微生物群落与影响免疫机制的免疫系统之间存在一种化学介导的信息交流。

22. 人类微生物群落能够产生抗生素(2014年)

研究人员在人类微生物群落的基因组中鉴别出了抗生素合成基因组簇，这揭示了抗菌药物的新型来源，同时种群特异性的产生也能够潜在调节局部微生物群落的结构。

23. 宿主靶向性药物或会影响微生物群落的组成(2015 年)

常用的药物会影响肠道微生物的丰度及细菌基因的表达,其对与药物治疗相关的人类健康既有积极作用也有消极作用。

24. 人类微生物组或会影响机体对癌症疗法的反应(2018 年)

研究者在对小鼠模型的早期研究中发现,肠道微生物的组成或会影响黑色素瘤、晚期肺癌或肾癌患者对检查点抑制剂疗法及肿瘤控制疗法的反应。

25. 宏基因组组装的基因组或能提供人类相关微生物群落前所未有的特性(2019 年)

随着计算方法的进步,尤其是最近在环境微生物学研究中的应用,如今研究人员能够利用计算方法来通过宏基因组数据库重建细菌的基因组,这种方法能够用来鉴别来自肠道和机体其他位点的数千种无法进行培养的细菌。这极大地扩展了已知微生物群落系统发育的多样性,并能够改善对未知种群的研究和分类。

26. 利用宏基因组数据辅助癌症诊断和复发转移监控(2020 年)

近年研究显示,肿瘤内存在的细菌群落与肿瘤类型和预后相关联。随着测序技术的进步和微生物组分析技术的发展,利用宏基因组数据辅助癌症诊断和复发转移监控已经变得具有较高可行度。2020 年的一项系统性分析发现,从 TCGA 等大型癌症转录组样本库中可以发掘出组织样本中的微生物组信号,并且这些微生物组信号具有不同癌症和不同癌症阶段的高准确性分辨力,有助于辅助癌症诊断和复发转移监控。

27. 发掘全球海洋微生物组的生物合成潜力(2022 年)

通过数十年收集并分析了全球 215 个采样地多个深度的 1 000 多个海洋微生物宏基因组样本,研究人员重建了约 2.6 万个微生物基因组并发现了 2 700 多个未被描述的新物种。建立了海洋微生物组学数据库(ocean microbiomics database, OMD),对这一资源的进一步挖掘发现了约 4 万个生物合成基因簇(biosynthetic gene clusters, BGCs),参与约 7 000 种化合物的生物合成过程。

28. 挖掘癌症真菌组的潜力(2022年)

肿瘤内存在真菌且与肿瘤发生发展高度相关。2022年，在对多个独立队列数十种癌症的癌组织、癌旁组织和血液样本的真菌组进行系统性分析后，发现了肿瘤真菌的组成和分布与肿瘤细菌和免疫应答的关系，以及作为标志物用于癌症诊断和预后的潜力。

29. 利用宏基因组数据辅助预测蛋白质结构(2022年)

计算方法的进步，尤其是深度学习方法在生物数据挖掘方面的进步，使得微生物组数据挖掘有了新的价值。2022年下半年，科技巨头Meta使用AI技术预测了约6亿种蛋白质结构，这些蛋白质来自细菌、病毒和其他尚未被表征的微生物。Meta首先开发了一个深度学习模型ESMFold，可以将蛋白质结构预测扩展到更大的数据库。然后将ESMFold模型应用于宏基因组DNA数据库，这些DNA全部来自环境，包括土壤、海水、人类肠道、皮肤和其他微生物栖息地。Meta进而推出包含6亿多个蛋白质的ESM宏基因组图谱(ESM Metagenomic Atlas)，它是首个蛋白质宇宙暗物质的综合视图。这还是最大的高分辨率预测结构数据库，并且是第一个全面、大规模地涵盖宏基因组蛋白质的数据库。

30. 空间转录组和微生物组技术(2022年)

瘤内微生物群的空间分布和特定的宿主-微生物细胞相互作用会影响肿瘤微环境(tumor microenvironment, TME)内的不同功能。利用微生物组和空间转录组技术，研究人员已经发现针对口腔鳞状细胞癌(oral squamous cell carcinoma, OSCC)和结直肠癌(colorectal cancer, CRC)患者肿瘤内微生物群的分布不是随机的。相反，微生物群是高度组织化的，具有支持癌症发展的免疫和上皮细胞功能的微循环。这些工具和技术可以应用于分析目前为止已被证明含有瘤内微生物群的数十种主要癌症类型。